westermann

praxis

Informatik 8/M8

Bayern

Autor/-in
Peter Neubauer
Elisabeth Pösl-Haimerl

Beratung
Toni Binder

Vorbereiten. Organisieren. Durchführen.
BiBox ist das umfassende Digitalpaket zu diesem Lehrwerk mit zahlreichen Materialien und dem digitalen Schulbuch. Für Lehrkräfte und für Schülerinnen und Schüler sind verschiedene Lizenzen verfügbar. Nähere Informationen unter www.bibox.schule

westermann GRUPPE

Druck A[1] / Jahr 2022
Alle Drucke der Serie A sind inhaltlich unverändert.

Redaktion: Dr. Siegfried Brewka, Regensburg; Dr. Erwin Petzi
Umschlaggestaltung: boje5 Grafik & Werbung, Braunschweig
Layout: Druckreif! Sandra Grünberg, Braunschweig
Druck und Bindung: Westermann Druck GmbH, Georg-Westermann-Allee 66, 38104 Braunschweig

ISBN 978-3-14-116883-9

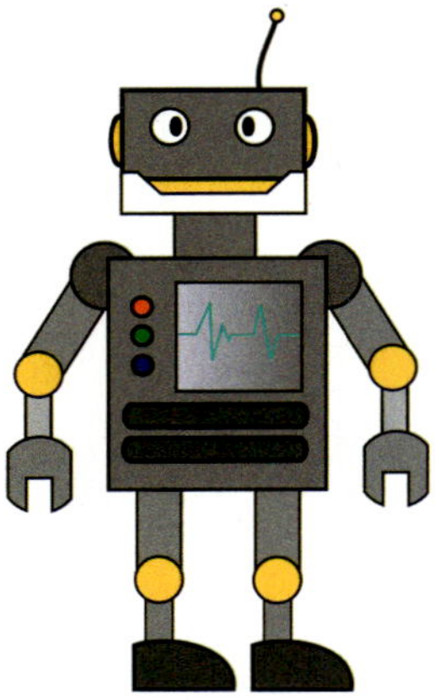

3. Programmierung in Scratch 45

So arbeitest du mit Praxis Informatik 8/M8

Computer und Internet sind aus dem Alltag nicht mehr wegzudenken. Das Fach Informatik hilft dir, dich in der digitalen Welt zurechtzufinden. Du lernst, **Informatiksysteme sachgerecht und verantwortungsvoll** zu nutzen und auch mit den Gefahren der digitalen Welt besser umzugehen.
Darüber hinaus bewegst du dich in der Welt der **Algorithmen,** der Grundlagen der Programmierung. Selbstständig oder im Team programmierst du Computersysteme.
Die Grundlage des Lernens bildet ein **kompetenzorientierter Unterricht.** Neben dem Erwerb von Wissen erprobst du verschiedene Wege zur Lösung von typischen Fragestellungen der Informatik.

Aufbau der Kapitel

Jedes Kapitel beginnt mit einer **Auftaktseite, auf der du einen Überblick über das jeweilige Kapitel erhältst.** Die Kapitel sind nach Situationen gegliedert. Kurze Beschreibungen der Situationen verraten dir, worum es geht.

Schritt für Schritt, von Situation zu Situation, werden die Anforderungen und Aufgabenstellungen vielschichtiger (komplexer), was dir einen **stetigen Kompetenzerwerb** ermöglicht.

Bestandteile der Situationen

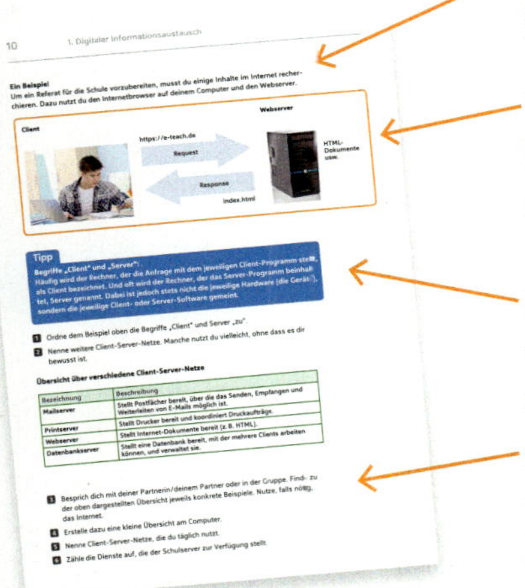

Mit den **Erklärtexten** und den zugehörigen **Bildern** erarbeitest du den Stoff.

Das **Tablet-Symbol** bzw. der **orangefarbene Rahmen** zeigen dir an, wann du am PC aktiv werden kannst.

Info- und Tipp-Kästen liefern dir wertvolle Informationen und hilfreiche Hinweise.
Arbeitsaufträge stehen meist am Ende einer Seite.
Expertenaufgaben ☒ bieten dir zusätzliche Übungsmöglichkeiten.

Webcode

Webcodes bieten dir insbesondere beim Programmieren Hilfestellungen an und verraten dir Tricks und Kniffe, mit denen du zum „Programmierprofi" werden kannst. Gib den jeweiligen Webcode unter dieser Adresse ein:
www.westermann.de/webcode

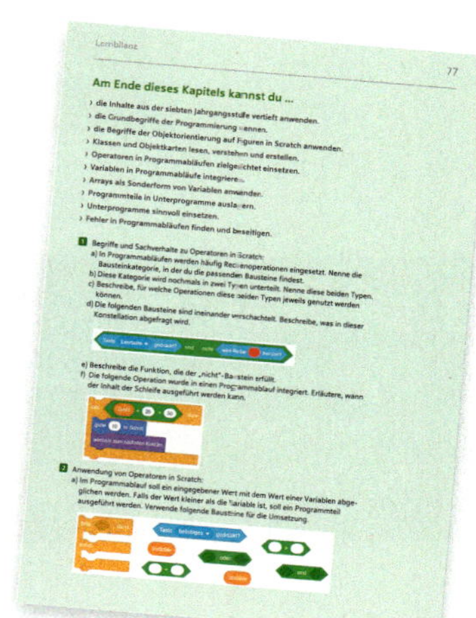

Lernbilanz

Mithilfe der **Lernbilanzseiten** am Ende der Kapitel kannst du deinen Kompetenzerwerb noch einmal überprüfen.

praxis

In diesem Kapitel ...

- unterscheidet und beschreibt ihr die Kommunikationswege von Rechnernetzwerken.
- beschäftigt ihr euch mit digitalen Informationssystemen und damit, was sich hinter diesem Begriff verbirgt.
- erklärt ihr die Aufgaben und die Nutzungsmöglichkeiten digitaler Informationssysteme.
- entscheidet ihr euch für die jeweils angemessene Nutzung digitaler Informationsdienste.
- lernt ihr Möglichkeiten des Datenschutzes bei der Verwendung von Internetdiensten und -anwendungen kennen.

1 Digitaler Informationsaustausch

1. Situation: Kleine Rechnernetzkunde
- Rechnernetzwerke
- Peer-to-Peer-Netze, Client-Server-Netze
- Kommunikation von Rechnernetzwerken

2. Situation: Digitale Informationssysteme
- Beschreibung und Möglichkeiten
- Nutzen und Aufbau
- Informationen über das System

3. Situation: Datenschutz
- ... bei Diensten und Anwendungen im Internet
- ... bei Apps allgemein
- Big Data

1. Situation: Kleine Rechnernetzkunde

Täglich nutzt du verschiedene Arten von Rechnernetzen, ohne dass du dir darüber genauer Gedanken machen musst. Sie funktionieren einfach. Dies ist für dich selbstverständlich. Erst wenn es vielleicht ein technisches Problem gibt und diese Rechnernetze für eine gewisse Zeitspanne nicht zur Verfügung stehen, treten sie in dein Bewusstsein. Erst jetzt schätzt du die „ständige" Funktion und Bereitschaft dieser Netze.
Was genau sind Rechnernetze? Welche Art der Kommunikation gibt es innerhalb dieser Netze? Wie sind sie aufgebaut und wie funktionieren sie?
All diese Fragen wirst du am Ende dieses Kapitels selbst beantworten können.

1.1 Was sind Rechnernetze?

Damit verschiedene Rechner miteinander kommunizieren können, müssen sie miteinander in Verbindung stehen. Ohne verbunden zu sein, sei es durch ein Kabel oder kabellos, ist eine Kommunikation nicht möglich. Das Rechnernetzwerk kann so nicht funktionieren.
Ein Rechnernetz ist demnach ein **Zusammenschluss verschiedener Computer bzw. elektronischer Systeme, die untereinander kommunizieren können**. Diese Kommunikation muss organisiert werden.

1.2 Arten der Kommunikation von Rechnernetzen

Es gibt zwei Möglichkeiten der Kommunikation zwischen elektronischen Systemen.

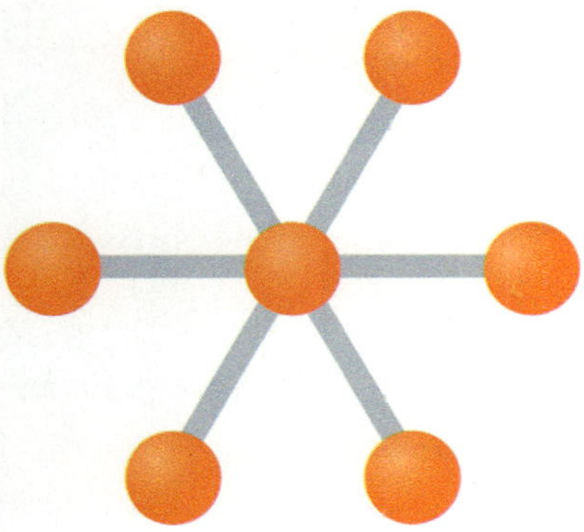

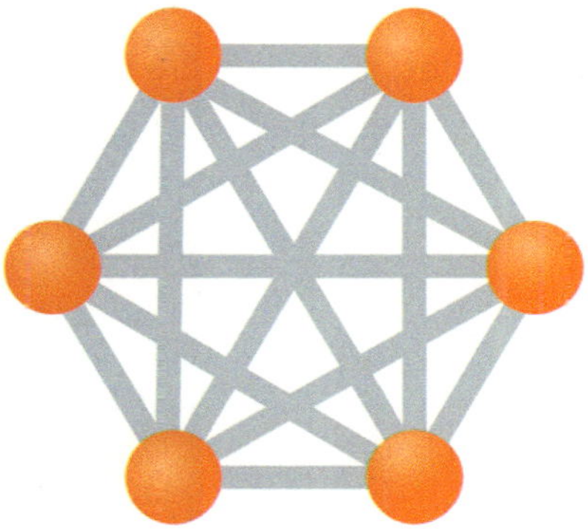

1 Betrachte die oben dargestellten Abbildungen.

2 Beschreibe deiner Partnerin/deinem Partner mit eigenen Worten, wie die Kommunikation des jeweiligen Netzwerks organisiert sein könnte.

Peer-to-Peer-Netz

„Peer" (engl.) = Gleichgestellte(r), Gleichrangige(r).
Die Kommunikation in einem Peer-to-Peer-Netz ist so organisiert, dass alle Computer die gleiche Berechtigung haben. Alle können mit gleichen Rechten Dienste anbieten und nutzen.
Ein Dienst wäre beispielsweise, dass ein Anwender die Funktion „Drucken" nutzen möchte, also den Service des Druckers beanspruchen will. Jeder PC, der mit dem Drucker verbunden ist, kann diesen gleichberechtigt nutzen.
Die einzelnen Peers sind unabhängig voneinander. Alle Peers kommunizieren direkt miteinander. Es gibt keine zentrale Instanz, die die Informationen speichert.

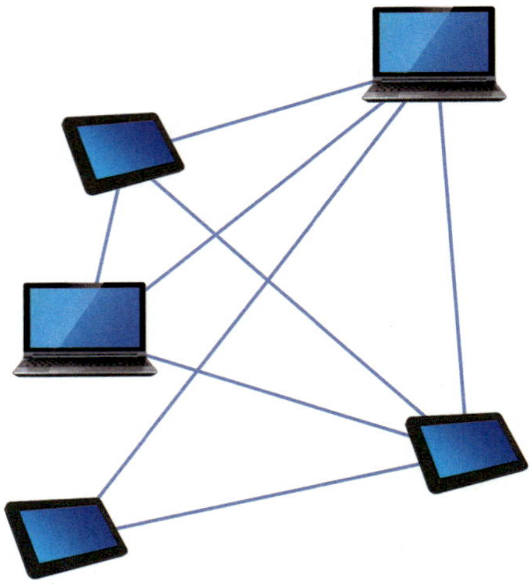

Die Abkürzung für das Peer-to-Peer-Netzwerk lautet **P2P**.

Woran kannst du P2P-Netze erkennen?

Merkmale von P2P-Netzen

1. Diese Netzwerke sind **selbstorganisierend**. Es gibt zweierlei Arten von Selbstorganisation, den unstrukturierten und den strukturierten Aufbau.
   Unstrukturiert bedeutet, dass keine zentrale Einheit Informationen gespeichert hat, sondern nur jeder einzelne PC. Suchanfragen müssen daher an alle Endsysteme im Netz über eine sogenannte **Netzflutung (flooding)** erfolgen. Endsysteme sind die einzelnen Teile, aus denen das P2P-Netz besteht: ein oder mehrere Computer, deren Software sowie Peripheriegeräte, Anwenderinnen und Anwender usw. Das bedeutet, dass eine Suchanfrage an alle im Netz tätigen Systeme geleitet wird. Demzufolge ist die Netzbelastung hoch.
   Wenn ein P2P-Netz **strukturiert** arbeitet, speichern die Endsysteme Informationen über die Wegewahl. Die Suche kann effizient weitergeleitet werden und die gesuchten Daten sind leichter zu finden.
2. Jeder Rechner ist für seine eigene Sicherheit und Freigabe zuständig.
3. Die Leistung eines P2P-Netzes kann stark schwanken. Sie hängt von der
   - jeweiligen Bandbreite (= Angabe, wie viele Daten im Netz übertragen werden können),
   - der jeweiligen Rechenleistung und
   - der Verfügbarkeit einzelner Endsysteme

   ab.

Verwendung von P2P-Netzen

P2P-Netze finden überall dort Einsatz, wo von allen Teilnehmern Informationen und Dateien ausgetauscht werden. Das ist vorwiegend in kleinen Heim- und Firmennetzen der Fall. Auch auf LAN-Partys werden diese Netze eingesetzt.

3 Nenne konkrete Beispiele für den Einsatz von P2P-Netzen.

4 Beschreibe mögliche Vorteile dieses Netzes.

5 Erläutert in der Gruppe mögliche Risiken von P2P-Netzen.

Arten von P2P-Netzen

Obwohl ein P2P-Netz gleichberechtigte Teilsysteme hat, gibt es verschiedene Formen:

1. *Zentralisiertes P2P-System:*
   Ein Rechner übernimmt die zentrale Verwaltung. Dienste werden bei diesem Rechner angefragt und gezielt weitergeleitet.

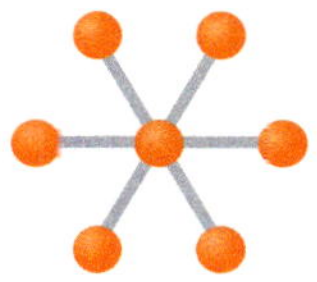

2. *Reines P2P-System:*
   Alle Rechner haben die gleichen Rechte. Jeder Rechner erledigt gleichberechtigt den Dienst. Dienste werden an alle Rechner gesendet.

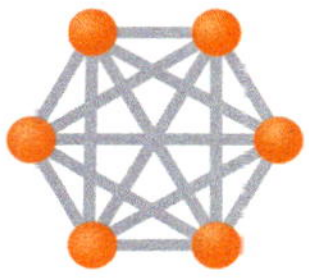

3. *Hybrides P2P-System:*
   Einzelne Rechner führen für eine gewisse Zeit die Verwaltungsaufgaben aus. Meist sind das die leistungsfähigsten mit einer hohen Bandbreite und einer hohen Prozessorleistung.

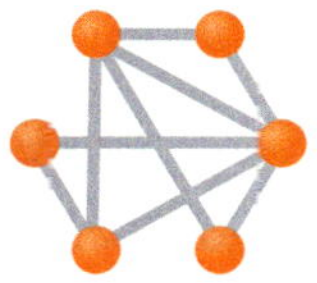

6 Recherchiere im Internet, wo die jeweilige Art von P2P-Netzen zum Einsatz kommt. Nenne genaue Beispiele.

Client-Server-Netz

„Client“ (engl.) = Kunde; Server (engl.) = Bediener, Diener.
Die Kommunikation im Client-Server-Netz ist so organisiert, dass ein Rechner allen anderen übergeordnet ist. Nur dieser eine Rechner darf Dienste anbieten, alle anderen Rechner nicht.
Die Begriffe „Client“ und „Server“ bezeichnen keine Hardware oder Personen, sondern Programme.

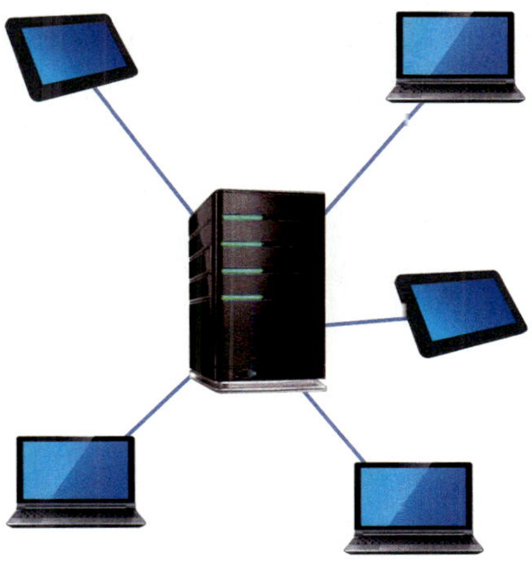

Woran kannst du Client-Server-Netze erkennen?
Merkmale von Client-Server-Netzen
Ein Client stellt eine beliebige Anfrage (**Request**) für einen bestimmten Dienst, der an den zuständigen Server geleitet wird. Der Anstoß für die Kommunikation geht immer vom Client aus. Dieser kann bei Bedarf sogar mit verschiedenen Servern kommunizieren.

Bekommt der Server eine Anfrage, so reagiert er darauf und gibt eine entsprechende Antwort (**Response**) an den Client zurück. Ein Server kann unterschiedlich viele Clients bedienen.

Das Client-Server-Modell

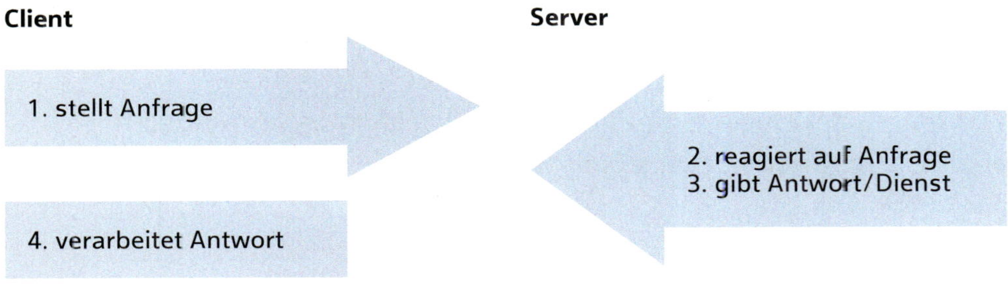

Ein Beispiel
Um ein Referat für die Schule vorzubereiten, musst du einige Inhalte im Internet recherchieren. Dazu nutzt du den Internetbrowser auf deinem Computer und den Webserver.

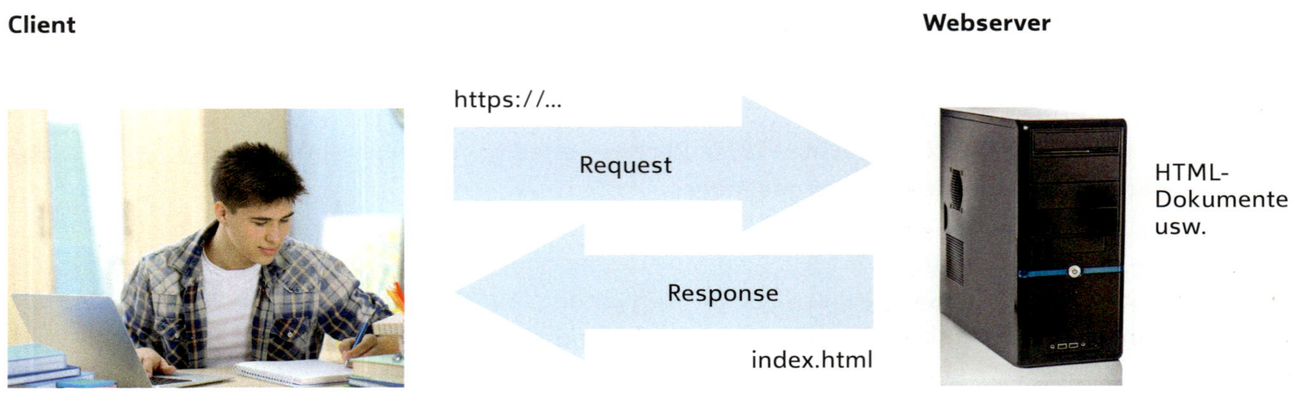

Tipp

Begriffe „Client" und „Server":
Häufig wird der Rechner, der die Anfrage mit dem jeweiligen Client-Programm stellt, als Client bezeichnet. Und oft wird der Rechner, der das Server-Programm beinhaltet, Server genannt. Dabei ist jedoch stets nicht die jeweilige Hardware (die Geräte), sondern die jeweilige Client- oder Server-Software gemeint.

1 Ordne dem Beispiel oben die Begriffe „Client" und Server „zu".

2 Nenne weitere Client-Server-Netze. Manche nutzt du vielleicht, ohne dass es dir bewusst ist.

Übersicht über verschiedene Client-Server-Netze

Bezeichnung	Beschreibung
Mailserver	Stellt Postfächer bereit, über die das Senden, Empfangen und Weiterleiten von E-Mails möglich ist.
Printserver	Stellt Drucker bereit und koordiniert Druckaufträge.
Webserver	Stellt Internet-Dokumente bereit (z. B. HTML).
Datenbankserver	Stellt eine Datenbank bereit, mit der mehrere Clients arbeiten können, und verwaltet sie.

3 Besprich dich mit deiner Partnerin/deinem Partner oder in der Gruppe. Finde zu der oben dargestellten Übersicht jeweils konkrete Beispiele. Nutze, falls nötig, das Internet.

4 Erstelle dazu eine kleine Übersicht am Computer.

5 Zählt in der Gruppe die Dienste auf, die der Schulserver zur Verfügung stellt.

2. Situation: Digitale Informationssysteme

Jeder von uns, auch du, nutzt täglich viele Male digitale Informationssysteme. Wir nehmen sie in Anspruch, um uns gezielt Informationen zu beschaffen. Hinter dem Begriff **„Informationssysteme"** steckt eine Vielfalt an Systemen, Seiten, Anwendungen und vieles mehr.

2.1 Was sind digitale Informationssysteme?

Digitale Informationssysteme sind, wie es der Name schon sagt, computerbasierte Systeme, die Informationen zur Verfügung stellen. Das können Internetseiten, Programme oder auch Apps sein, die bestimmte Informationen enthalten. Alle sozialen Netzwerke zählen dazu. Auch Videoplattformen, das Landesmedienzentrum Bayern, Musikplattformen oder Seiten der Bundesagentur für Arbeit, auf denen du dich über Berufe informieren kannst, sind digitale Informationssysteme. Viele von ihnen werden auch als App auf dem Handy angeboten.

1 Nenne Beispiele für digitale Informationssysteme gemäß der oben gegebenen Beschreibung, die du selbst nutzt. Zähle weitere Systeme auf, die deiner Auffassung nach digital Informationen bereitstellen.

2.2 Möglichkeiten und Nutzen

Oft sucht und nutzt man Informationen, ohne darüber nachzudenken, ob die Systeme, die diese Informationen enthalten, wirklich seriös und sicher sind. Daher sollte man sich zuerst fragen, ob die angebotenen Informationen korrekt sind. Statt Informationen vorschnell zu übernehmen, mit ihnen zu arbeiten und sie auf diese Weise unkritisch zu verbreiten, sollte man sie auf anderen Webseiten gegenchecken. Auch die Vertrauenswürdigkeit einer Webseite sollte man überprüfen.
Die nachfolgenden vier Fragestellungen helfen dir dabei, Seiten vor ihrer Nutzung genauer zu durchforsten, sie aus einem anderen Blickwinkel zu betrachten und zu beurteilen.

1. Frage: Welche Möglichkeiten bietet mir das System?
Diese Frage führt dich schnell zur Entscheidung, ob du mit dem System arbeiten kannst oder nicht. Die nachfolgenden Fragen helfen dir, das System genauer zu analysieren.

System-Checkliste

1. Was kann ich im System auswählen?
2. Wo in dem System kann es ausgewählt werden?
3. Bietet mir das System einen eigenen Account?
4. Können eigene Inhalte hochgeladen oder Inhalte heruntergeladen werden?
5. Können eigene Kommentare ergänzt werden?
6. Gibt es einen Support, an den ich mich im Bedarfsfall wenden kann?

Nicht in jedem Fall müssen und können alle Fragen beantwortet werden oder sind aktuell für die jeweilige Informationsfindung nützlich. Es hängt davon ab, welche Information du suchst, welches System du auswählst, welches Ziel du in der Arbeit mit dem System verfolgst. Arbeite alleine oder mit deiner Partnerin/deinem Partner. Notiere die Ergebnisse der nachfolgenden Aufgaben in einem Schreibdokument.

1 Öffne die Mebis-Webseite des Landesmedienzentrums Bayern.

2 Notiere, welche Möglichkeiten diese Webseite dir bietet.

2. Frage: Welchen Nutzen kann ich daraus ziehen?
Inwieweit kann das Informationssystem, das du ausgewählt hast, für dich von Nutzen sein? Das System sollte benutzerfreundlich, selbsterklärend und übersichtlich sein. Die Bedienung vieler Systeme ist ähnlich, was die Benutzung erleichtert.

Einem Menü mit Überpunkten folgt oft ein Untermenü mit Unterpunkten. Oft kannst du genauere Informationen einsehen, wenn du einen Stichpunkt anklickst. Meist ist schon vor dem Klick im Menü bekannt, dass sich entweder ein Untermenü oder eine neue Seite öffnen wird.

Beispiel:

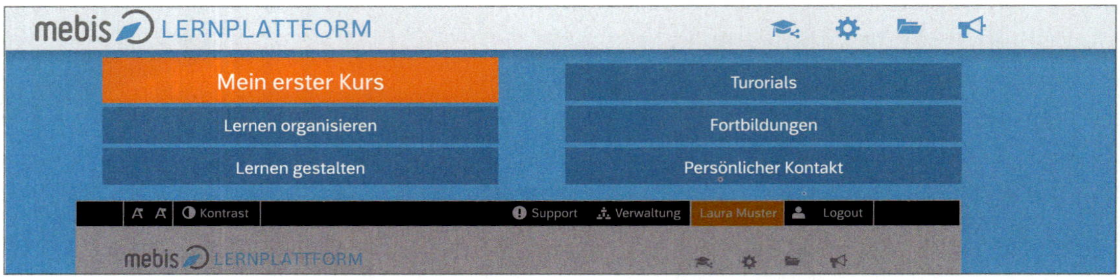

Auf der Webseite des Landesmedienzentrums Bayern (Mebis) lassen sich Informationen zur eigenen Klasse finden, die Lehrkräfte gezielt hochgeladen haben. Des Weiteren kannst du dort zu verschiedenen Schulinhalten gezielt Informationen suchen und nutzen. Dem Menü folgt ein Untermenü bzw. eine neue Seite. Auf der Mebis-Plattform gibt es keine Werbung, sodass die Schulinhalte ungestört im Mittelpunkt stehen. Der Nutzen eines solchen werbefreien Systems ist sehr hoch.

Wird ein **Login** angeboten, so kann das System personalisiert genutzt werden. In einem eigenen Account können Informationen gespeichert und gesammelt werden.
Auf Mebis hat jede Schülerin und jeder Schüler ihren/seinen eigenen Account. So haben alle Klassenmitglieder Zugang zu klassenbezogenen Inhalten.

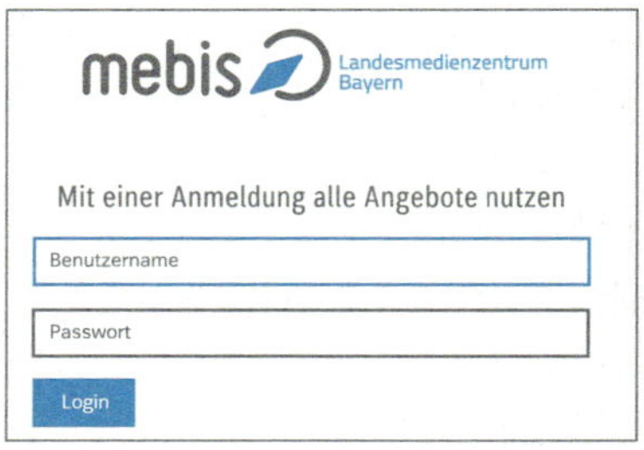

Ein weiterer Nutzen kann das Angebot eines Newsletters sein, für den eine Anmeldung erfolgen muss. Manchen erscheint dieser Service überflüssig. Andere dagegen finden ihn nützlich, da sie so immer über den aktuellen Stand informiert werden.
Auf vielen Webseiten lässt sich die Sprache verändern und anpassen. Dadurch vergrößert sich die Zahl der möglichen Nutzerinnen und Nutzer, die dieses System verwenden können.

3 Erläutere, welche kosten- und werbefreien Angebote die Mebis-Plattform Schülerinnen und Schülern sowie Lehrkräften zur Verfügung stellt.

4 Logge dich auf der Mebis-Webseite ein. Beurteile detailliert den Nutzen deines privaten Accounts.

5 Nenne zusätzliche Service-Dienste, die auf der Mebis-Plattform angeboten werden.

2.3 Aufbau

3. Frage: Wie ist das System (die Webseite, die App usw.) aufgebaut?

Systeme sind unterschiedlich aufgebaut. Bei manchen befindet sich der Blickfang am Anfang der Seite, bei anderen direkt in der Mitte. Das Menü zur Auswahl verschiedener Punkte kann sich entweder waagrecht im oberen Bereich oder senkrecht an der Seite befinden.
Ein Menü kann so strukturiert sein, dass durch die Auswahl eines Menüpunktes ein Drop-down-Feld erscheint, aus dem ein Unterpunkt gewählt werden kann. Alternativ kann sich eine neue, kleine „Seite" öffnen, auf der der Menüpunkt näher erläutert wird. Manchmal kann man dann auf dieser Seite einen weiteren Untermenüpunkt anwählen.

Meist befinden sich die Kontaktdaten zur Seite im unteren Bereich, in der „Fußzeile". Manchmal finden sich diese Angaben auch oben in der „Kopfzeile".

Eine wichtige Rolle für die Erfassung der Informationen spielt, ob der Kontrast der farblichen Gestaltung und die Schriftgröße passen. Texte, Menüpunkte usw. sollen ohne Anstrengung zu lesen sein. Eine zu kleine Schrift oder eine zu grelle farbliche Gestaltung erschweren die Bedienbarkeit bzw. lenken von den wesentlichen Inhalten ab.

1 Betrachte die drei unten abgebildeten „Menüpunkte". Beschreibe mit eigenen Worten deren Benutzerfreundlichkeit. Beurteile, ob sie für ein System verwendet werden könnten. Erläutere, was du daran ändern würdest.

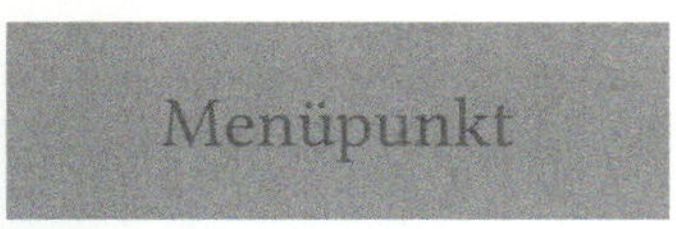

Abb. 1

Abb. 2

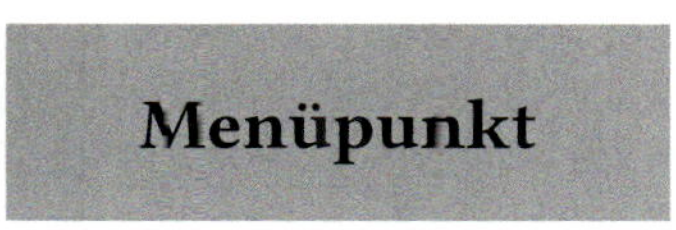

Abb. 3

2 Öffne wieder die Mebis-Webseite. Bewerte die Webseite hinsichtlich ihres Aufbaues und der Gestaltung. Notiere, welche Elemente du dort finden kannst.
Du kannst diese Aufgabe mit oder ohne Login beantworten.

2.4 Informationen über das System

4. Frage: Welche Informationen sind über dieses System (Webseite, App usw.) bekannt?

Ist ein System seriös und sicher, lassen sich darüber Informationen finden. Das sind Informationen wie:
- Herausgeber/-in bzw. Autor/-in
- Gründungsjahr
- Gründungsland
- Verantwortliche/r für den Inhalt/für die Seite
- Kontaktdaten
- urheberrechtliche Belange
- Nutzerzahlen
- Datenschutzrecht

Häufig findest du diese Informationen in der „Fußzeile“ oder manchmal auch in der „Kopfzeile“ des Systems, meist unter dem Menüpunkt **„Impressum“**.
All diese Informationen helfen dir dabei, seriöse von unseriösen Systemen zu unterscheiden.

1 Öffne zusammen mit deiner Partnerin/deinem Partner die Mebis-Webseite und sammelt Informationen über diese Seite. Notiert diese in euren Dokumenten.

Mithilfe der **vier Fragen** kannst du nun einen genaueren Blick auf digitale Informationssysteme werfen. Du bist jetzt in der Lage, selbst zu beurteilen, ob eine Webseite oder eine App für dich als Informationsquelle oder zur Nutzung geeignet sind.

Die Beantwortung dieser Fragen benötigt nur wenig Zeit und nur wenige Klicks in dem System, das du untersuchen willst.

Falls du dir unsicher bist, ob ein System sicher und seriös ist, vergewissere dich zunächst im Impressum und hole dir dort die passenden Informationen.

Nicht alle Userinnen und User empfinden die Benutzerfreundlichkeit eines Systems gleich. Es kann vorkommen, dass du dich auf einer Webseite sehr schnell zurechtfindest, während deine Freundinnen oder Freunde die gleiche Seite als abschreckend empfinden.

Digitale Informationssysteme wollen zwar eine möglichst breite Masse von Nutzerinnen und Nutzern ansprechen, können jedoch nicht alle in gleicher Weise mit ihrem jeweiligen Konzept erreichen.

Info

Wiederholung der vier Fragen zur Analyse von Systemen:
1. Möglichkeiten?
2. Nutzen?
3. Aufbau?
4. Informationen über das System?

3. Situation: Datenschutz

3.1 Datenschutz und Cookies im Netz

In der vorhergegangenen Situation hast du vier Fragen kennengelernt, mit deren Hilfe du digitale Informationssysteme bewerten kannst, um sie gezielter und effizienter zu nutzen.

Doch oft ist schon beim ersten Aufruf solcher Informationssysteme eine erste Hürde zu meistern. Sie betrifft deinen Datenschutz im Netz.

Auf vielen Webseiten wirst du sofort gebeten, die Datennutzungen zu bestätigen bzw. die Nutzung von Cookies (siehe unten) auf dieser Seite zu erlauben. Erst dann kannst du die Seite in vollem Umfang nutzen. Meist stimmt man viel zu schnell allen Einstellungen zu, ohne genau zu wissen, in was man da einwilligt.

Auf jeder Seite, die du im Internet besuchst, hinterlässt du Spuren in Form von **Cookies** oder **persönliche Daten**. All diese Informationen werden gesammelt, ausgewertet und gezielt eingesetzt. Suchst du etwa nach einem Artikel oder informierst dich über ein Thema genauer, so wird dir sehr bald ein dazu passendes Produkt in Form von Werbung eingeblendet. Das ist möglich, weil deine Daten, die du im Internet auf den verschiedenen Seiten hinterlässt, analysiert und Werbeinformationen genau an dich angepasst werden. Die von Datensammelstellen im Internet analysierte und wieder gezielt eingesetzte Datenfülle, die jede Nutzerin und jeder Nutzer im Netz hinterlässt, wird **Big Data** genannt.

Wie kannst du dich davor schützen, deine Daten überall preisgeben zu müssen?
Bereits bei der Zustimmung zum Einsatz von Cookies bzw. der Datennutzung lohnt es sich, etwas genauer hinzusehen. Nach dem Anklicken des Menüs können einzelne Cookies individuell eingestellt werden.

Manchmal ist das Menü schwer zu finden, weil es optisch nicht hervorgehoben ist oder klein dargestellt wird. Der „Zustimmungsbutton", wie z. B. „Alles akzeptieren", „Alles erlauben" oder „Zustimmen und fortfahren", ist auffällig herausgestellt, um es den Nutzerinnen und Nutzern zu erleichtern, alle Daten, die während des Besuchs der Webseite anfallen, preiszugeben.
Die Einstellungen der Cookie-Verwaltung sind meist etwas versteckt dargestellt, sodass man das Pop-up-Fenster genauer durchlesen muss.
Das oben abgebildete Beispiel zeigt beispielhaft das Vorgehen vieler Webseitenbetreiber. Der linke, hervorgehobene Button zeigt den einfachen Weg der allgemeinen Zustimmung. Rechts, unauffällig dargestellt, findet sich der Link zur Verwaltung und Einstellung der Cookies.

Nach einem Klick auf diesen Link öffnet sich ein Fenster mit der Möglichkeit, **Cookies individuell** einzustellen. Dort kann man entweder alle Cookies uneingeschränkt zulassen, was dem Button „Zustimmen und fortfahren“ entspricht. Oder man kann die Speicherung jeglicher Cookies ablehnen. Die dritte Option ist, Cookies individuell einzustellen und diese Auswahl zu bestätigen. Das ist allerdings zeitaufwendiger. Dazu musst du jede einzelne Einstellung durchlesen und jeweils an- oder abwählen.

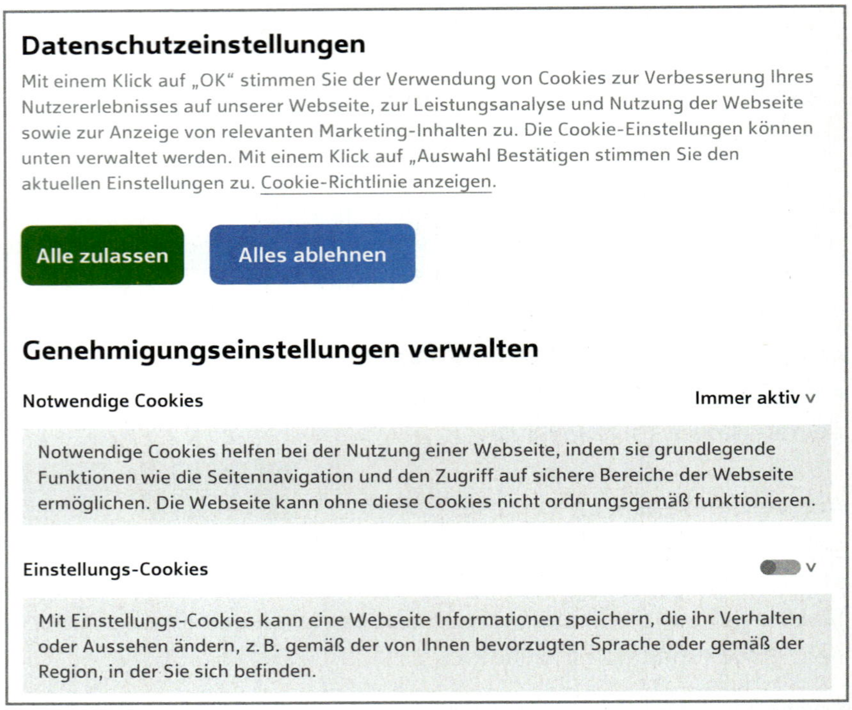

Die Zeit, dies bei jeder Webseite zu wiederholen, die man aufruft, will niemand gerne aufwenden. Deshalb klickt man meist auf die einfachste Lösung „Zustimmen und fortfahren“. Als Konsequenz werden nun alle Daten des eigenen Surfverhaltens weitergegeben, ohne dass man weiß, welche das sind.

Manche Seiten funktionieren ohne Zustimmung zur Speicherung von Cookies nicht. In diesem Fall solltest du abwägen, ob du den „Preis“ für die Nutzung der Seite „zahlen“ willst, oder ob du vielleicht auf einer unseriösen Seite gelandet bist und dich besser nach einer alternativen Seite umsiehst.

1 Wählt in der Klasse einen unbekannten Begriff aus, der im Internet recherchiert werden soll.

2 Öffnet eine beliebige Seite und untersucht das Menü der Cookie-Einstellungen genauer.

3 Stellt bei Bedarf die Cookies individuell ein oder wählt nur diejenigen aus, die für eine Nutzung der Seite notwendig sind.

Auch Apps auf deinem **Smartphone** fragen bei der Installation danach, ob sie auf diverse Informationen auf deinem Smartphone zugreifen dürfen, z. B. auf deinen Standort, deine Kontakte oder deine Bilder. Hinterfrage stets kritisch, ob eine App wie etwa eine Taschenlampe Zugriff auf deine Kontakte oder deinen Standort benötigt. Wäge stets ab, ob dir die App wert ist, persönliche Daten weiterzugeben, oder ob du nicht besser Alternativen ohne Datenpreisgabe suchst.

4 Wählt eine App, die möglichst alle auf dem Smartphone installiert haben.

5 Untersuche die von der App geforderten Zugriffe auf deinem Smartphone, um sie voll nutzen zu können.

6 Diskutiert darüber in der Klassengemeinschaft.

Auch in den **sozialen Netzwerken** gibt man sorglos zu viele Daten von sich her. Bei vielen Accounts ändern sich im Laufe der Nutzung die Nutzungsbedingungen. Statt seitenlange Texte zu lesen, stimmt man den Änderungen oft „blind“ zu. Ein Fehler! Du solltest hin und wieder deine Accounts und die Einstellungen zur Sammlung persönlicher Daten checken und bereinigen.

7 Überprüfe deine Accounts in den sozialen Netzwerken im Hinblick darauf, auf welche persönlichen Daten sie Zugriff haben. Passe im Bedarfsfall die Zugriffsrechte an.

Am Ende dieses Kapitels kannst du ...

- › erklären, was Rechnernetze sind.
- › beschreiben, wie die Kommunikation der Rechnernetze untereinander organisiert ist.
- › digitale Informationssysteme erklären und Beispiele nennen.
- › mithilfe verschiedener Fragenstellungen digitale Informationssysteme beurteilen und bewerten.
- › digitale Informationssysteme entsprechend dem Vorhaben nutzen.
- › Entscheidungen aufgrund gewonnener Informationen durch die Nutzung der Systeme treffen und dir Kenntnisse aneignen.
- › die Gefahren, die durch Vernachlässigung des Datenschutzes und durch Big Data für dich entstehen, beurteilen.
- › den Datenschutz entsprechend bei der Verwendung von Internetdiensten und -anwendungen bewerten und anpassen.

Im Zuge deiner Berufswahl stehen einige Ausbildungsberufe für dich in der engeren Auswahl. Da im Laufe des Schuljahrs ein Praktikum ansteht, möchtest du dich über diese Berufe im Internet (z. B. https://berufenet.arbeitsagentur.de oder https://planet-beruf.de) informieren.

Lies dir zunächst alle Aufgaben durch. Bearbeite dann die Aufgaben und erstelle eine Präsentation. Präsentiere am Ende deine Ergebnisse.

1 Welche Art der Kommunikation des Rechnernetzwerkes nutzt das von dir verwendete System? Beschreibe diese Kommunikation näher.

2 Bei der Nutzung des Internets solltest du stets auf den Datenschutz achten.
a) Erläutere mit eigenen Worten, warum der Schutz deiner persönlichen Daten im Umgang mit digitalen Systemen so wichtig ist.
b) Beschreibe, was du tun kannst, damit nicht zu viele deiner Daten preisgegeben werden.
c) Rufe die Webseite deiner Wahl zur Recherche deiner Berufe auf. Wende dein Wissen über den Datenschutz an, falls dies notwendig ist.

3 Bewerte die von dir gewählte Webseite, indem du die dir bekannten vier Fragen der Seiten 11–14 beantwortest.

4 Beurteile, ob diese Webseite für dein Vorhaben (Recherche deiner Ausbildungsberufe) gut geeignet ist. Begründe deine Entscheidung näher.

Info

Stelle zuerst die von dir gewählte Seite kurz vor, damit sich die Zuhörerinnen und Zuhörer selbst ein objektives Bild und eine Meinung von der Seite machen können. Erst im Anschluss daran präsentierst du dann deine Antworten.

In diesem Kapitel ...

› erlernt ihr den grundlegenden Umgang mit einem Tabellenkalkulationsprogramm.

› führt ihr einfache Berechnungen und Rechenaufgaben mit Formeln und Funktionen durch.

› wendet ihr grundlegende Funktionen an.

› lernt ihr den Aufbau eines Tabellenkalkulationsprogramms kennen und fügt Diagramme (grafische Darstellungen) ein.

› druckt ihr Tabellen und grafische Darstellungen aus.

2 Tabellenkalkulation

1. Situation: Das Programm Tabellenkalkulation

- Benutzeroberfläche und Seiten einrichten
- Zellen, Zeilen und Spalten
- Zellen und Inhalte formatieren
- Auto-Vervollständigung, Zellen verbinden, Zellenumbruch

2. Situation: Formeln, Funktionen und Berechnungen

- Formeln „ohne“ Funktionen: Grundrechenarten
- Formeln mit Funktionen (Grundrechenarten, Minimal-, Maximal-, Mittelwert)
- Zellen berechnen
- Tabellen drucken, Kopf- und Fußzeile
- Zeilen und Spalten nachträglich hinzufügen und löschen
- Zellinhalte löschen

3. Situation: Zellbezüge und weitere Funktionen

- Relativer und absoluter Bezug
- Formeln mit Funktionen
- Potenz, Runden, Kreiszahl Pi, Kalenderzeiten, Uhrzeiten

1. Situation: Das Programm Tabellenkalkulation

In den vergangenen Jahren hast du bereits verschiedene Programme kennengelernt und mit ihnen gearbeitet. In diesem Kapitel wartet mit der Tabellenkalkulation ein weiteres Programm auf dich.
Mithilfe der Tabellenkalkulation kannst du, wie schon der Name verrät, Kalkulationen aufstellen und durchführen sowie deren Ergebnisse übersichtlich darstellen.
Damit du dich in diesem „neuen“ Programm zurechtfindest, sollest du dir zunächst einen Überblick verschaffen. Der grundlegende Aufbau ist dir bereits aus einem anderen Programm bekannt und manche Wege sind diesem sehr ähnlich. Doch viele Funkt onen und Möglichkeiten werden neu für dich sein. Die wichtigsten davon wirst du nun kennenlernen.

1.1 Benutzeroberfläche

Als Erstes sehen wir uns die Benutzeroberfläche des Programms an. Es gibt verschiedene Tabellenkalkulationsprogramme. Sie unterscheiden sich im Aufbau leicht, aber nicht grundlegend, sodass man bei Kenntnis eines Programms auch alle anderen bedienen kann.

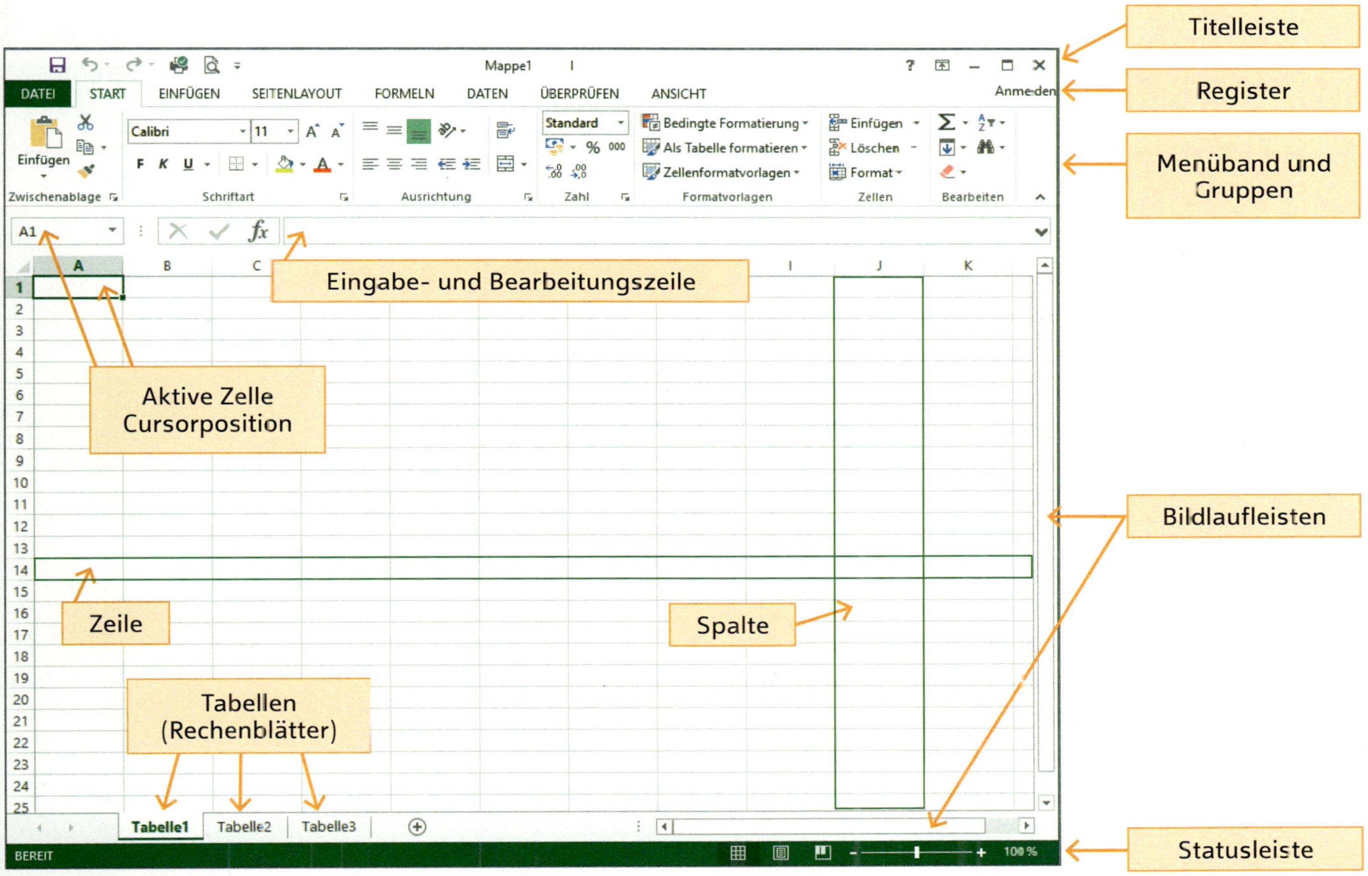

1 Öffne das Tabellenkalkulationsprogramm und speichere die Datei unter dem Namen „Datei_1“ ab.

2 Betrachte die einzelnen Menübänder im Programm genauer und verschaffe dir einen ersten Überblick.

1.2 Seite einrichten: horizontal und vertikal ausrichten

Bevor du mit deinen Berechnungen beginnst, richtest du deine Seite so ein, dass deine Tabelle mittig zentriert auf dem späteren Ausdruck ausgerichtet ist und die gewünschten Seitenränder sowie Kopf- und Fußzeilen eingestellt sind. Dies stellst du bei „Seitenlayout" → „Seiten einrichten“ im Registerblatt „Seitenränder“ ein.

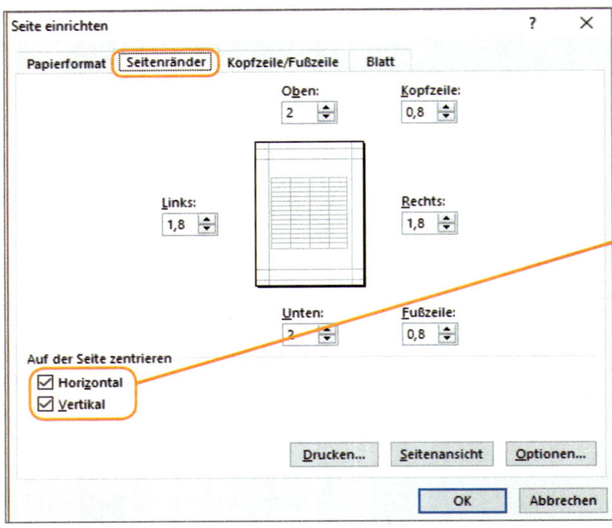

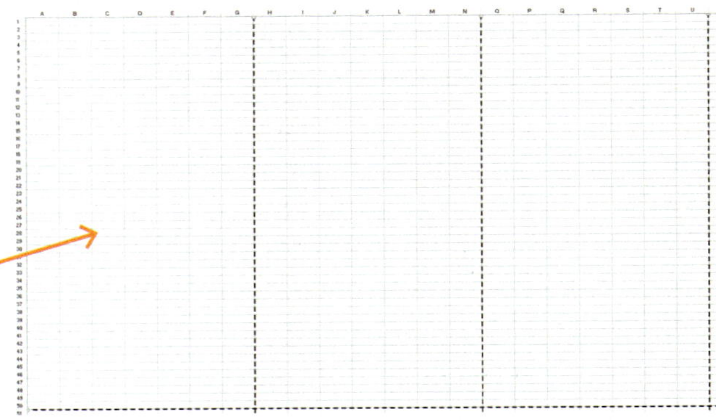

Diese Einstellung hat den großen Vorteil, dass nach dem Einrichten die beschreibbaren Tabellenblätter durch gestrichelte Linien gekennzeichnet werden.

1 Nimm diese Einstellung an deiner „Datei_1“ vor. Beobachte dabei die Vorschau. Beschreibe, was bei „Ausrichtung: Horizontal und Vertikal“ passiert.

1.3 Zellen, Zeilen, Spalten richtig benennen

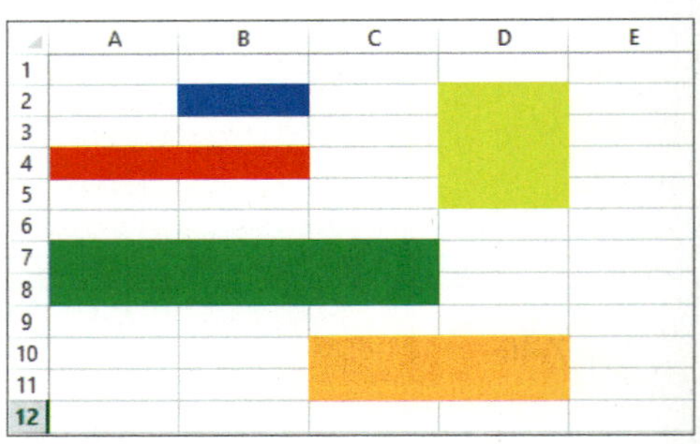

Bevor wir richtig loslegen, wollen wir überprüfen, ob du die Zellen, Zeilen und Spalten im Programm richtig benennen kannst. Es können einzelne Zellen, aber auch mehrere Zellen, sogenannte Zellenbereiche, benannt werden.

1 Benenne alleine oder in Partnerarbeit die mit verschiedenen Farben markierten Bereiche. Die folgenden Schreibweisen können dir helfen, z. B. „A1“ oder „B5:B6“ oder „B5:C7“ (Formulierung: B5 bis C7).

2 Öffne deine „Datei_1“ und färbe diese Zellen ebenfalls in den oben verwendeten Farben ein. Verwende dazu den „Farbeimer“ in der Registerkarte „Start“.

3 Ergänze dein Tabellenblatt um weitere eingefärbte Zellen bzw. Zellbereiche. Lasse diese von deiner Partnerin/deinem Partner benennen. Speichere dein Ergebnis ab.

1.4 Auto-Vervollständigung

Eine benutzerfreundliche Funktion im Kalkulationsprogramm ist die „Automatische Vervollständigung von Inhalten“. Das bedeutet, dass das Programm Inhalte beim Eingeben in die Zelle erkennt und diese bei Bestätigung selbstständig vervollständigt. Dadurch sparst du dir die Eingabe von gleichen Inhalten bei Formeln und bei Text.

Martin
Paulina
Melanie
Lukas
Paulina

Möchte das Programm etwas automatisch vervollständigen, so schlägt es das bereits verwendete Wort vor. Falls du einverstanden bist, bestätigst du mit der Enter-Taste oder der Pfeiltaste. Falls dieses Wort nicht gewünscht ist, schreibst du einfach weiter.
Bei dem nebenstehenden Beispiel sollte der Name „Paul“ ergänzt werden. Das Programm schlägt den bereits bekannten Namen „Paulina“ vor.
Diese automatische Ergänzung wird auch bei den Formeln angewendet, die du auf den nächsten Seiten kennenlernen wirst.

1 Öffne „Datei_1“ und lasse etwas Abstand zur ersten Übung. Gib die Daten der nebenstehenden Abbildung ein. Beobachte bei der Eingabe, was das Programm vorschlägt. Übernimm diese Vorschläge oder schreibe gegebenenfalls einfach weiter.

2 Formatiere die eingegebenen Inhalte wie rechts abgebildet.

Bestellname	Bestellung
Martin	Taschenrechner
Lukas	T-Shirt
Lisa	T-Shirt
Paulina	Taschenrechner
Peter	Pullover
Melanie	Pullover
Martina	T-Shirt

Die Auto-Vervollständigung funktioniert genauso bei aufeinanderfolgenden Zahlen oder Wörtern.

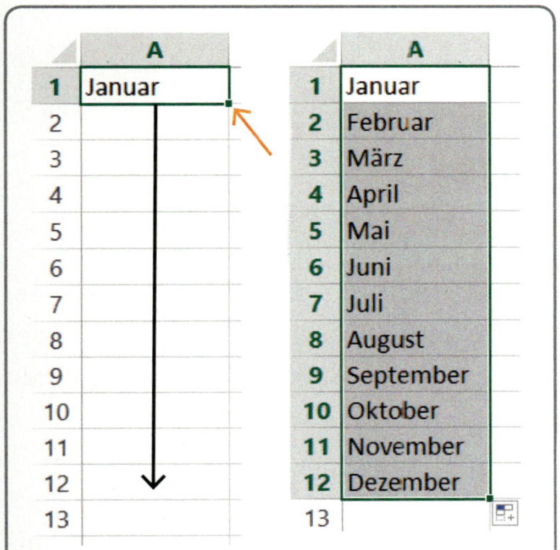

Abb. 1

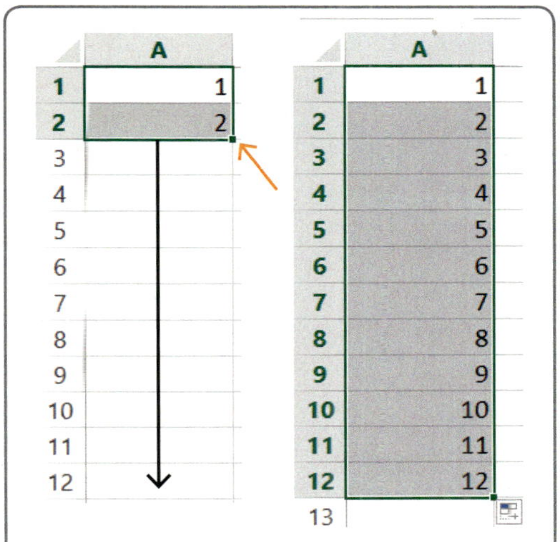

Abb. 2

3 Betrachte mit einer Partnerin/einem Partner die Abb. 1 und 2. Beschreibt den Vorgang.

4 Probiere in deiner „Datei_1“ den Vorgang aus. Gib die Daten aus Abb. 1 und 2 ein und vervollständige wie oben dargestellt mit der Auto-Vervollständigung.

5 ☒ Ergänze mithilfe der Auto-Vervollständigung weitere Zahlenfolgen deiner Wahl.

1.5 Zellen verbinden, Zellenumbruch, Spaltenbreite

Im Kalkulationsprogramm kannst du den Text in einer Zelle oder einer Zeile beliebig formatieren. Auf diese Weise kannst du Zeilenhöhen oder Spaltenbreiten anpassen, sodass der Text gut lesbar wird. Doch was geschieht mit langen Wörtern und Texten, die für eine Zeile bzw. Spaltenbreite zu lang sind? Du hast hier drei Möglichkeiten, um den Text entsprechend darzustellen.

1 Schau dir die unten abgebildeten drei Varianten an und besprich mit deiner Partnerin/deinem Partner oder in der Gruppe die Unterschiede.

2 Probiere alle drei Möglichkeiten in deiner „Datei_1“ aus. Ergänze dafür ein neues Tabellenblatt. Links unten findest du dafür den Punkt „Neues Blatt“.
Verwende für jede Variante eine eigene Zeile und Spalte.

3 Passe die Spaltenbreite in der Bestelltabelle von Seite 21, Aufgabe 1, an.

Variante 1

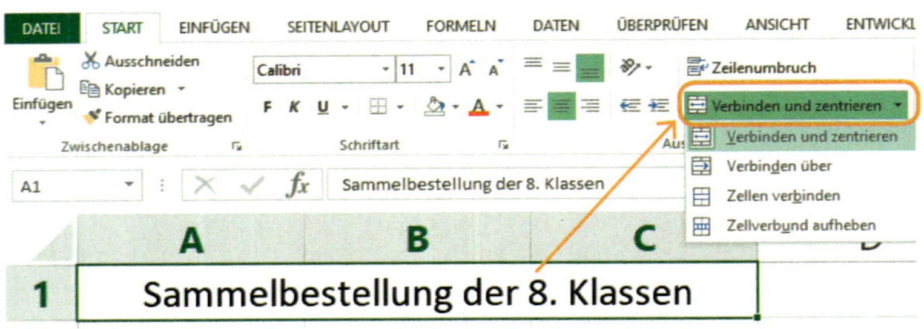

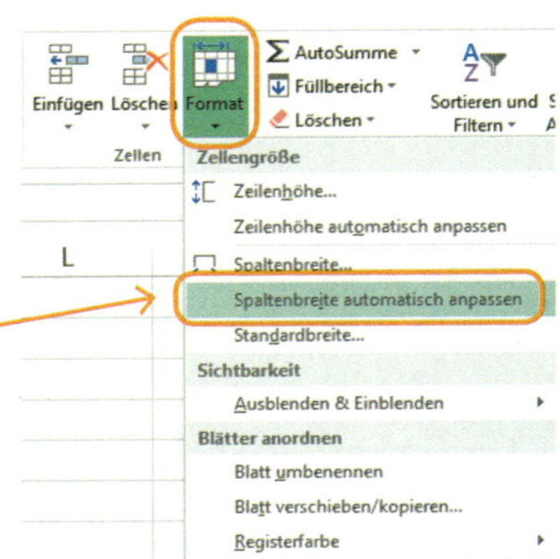

Variante 2

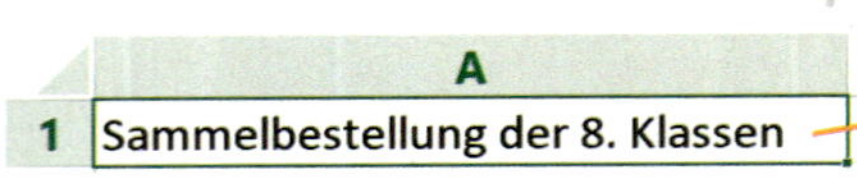

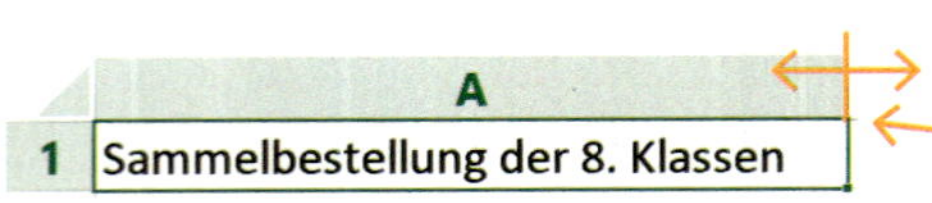

Hier kannst du mit der Maus die Spaltenbreite verändern und anpassen. Dies erreichst du entweder durch Ziehen der Spaltenlinie oder durch einen Doppelklick darauf.

Variante 3

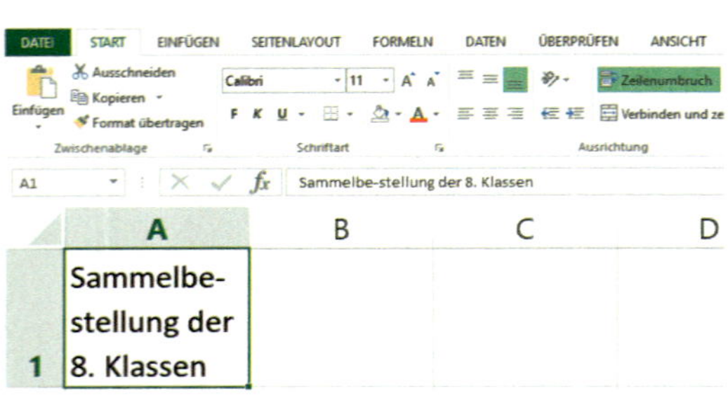

Bei Variante 3 kannst du zusätzlich noch die Spaltenbreite anpassen.
Ergänze im aktuellen Beispiel einen Trennungsstrich.

Info

Die zwei Möglichkeiten der Variante 2 lassen sich ebenso bei der Zeilenhöhe anwenden.

1.6 Inhalte formatieren

Um Inhalte optisch abzuheben oder Tabellen übersichtlich darzustellen, sind im Kalkulationsprogramm Formatierungen erforderlich.

Viele Formatierungen im Kalkulationsprogramm sind in ähnlicher Weise in einem Schreibprogramm zu finden. Manche werden genauso ausgeführt, so etwa das Schattieren oder die Schriftfarbe. Bei anderen musst du dir erst einen Überblick verschaffen. Die meisten Formatierungen lassen sich auf mehrere Arten ausführen. Wähle den für dich geeignetsten Weg.

Rahmenlinien hinzufügen und ändern

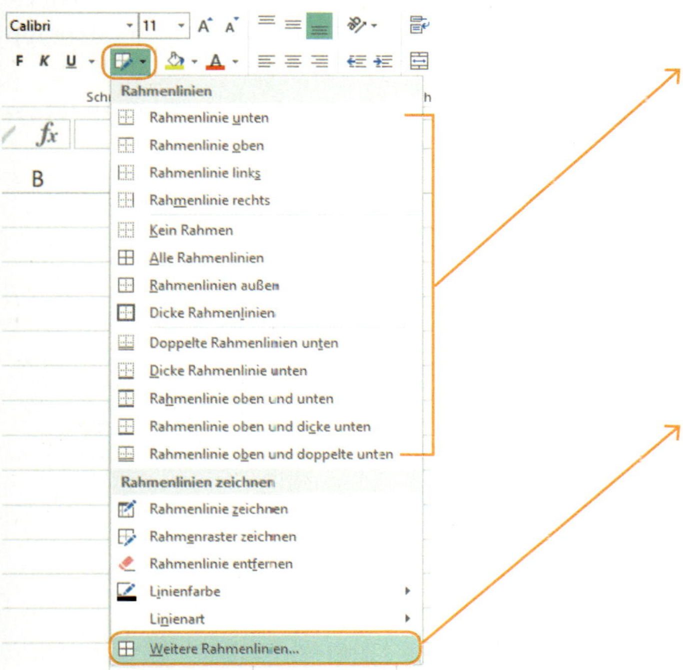

Für vorgefertigte Rahmen oder für einen Schnellzugriff verwendest du die vordefinierte Auswahl im Bereich „Rahmenlinien". Im Bereich „Rahmenlinien zeichnen" kannst du etwas detaillierter arbeiten. Für eine genauere und detaillierte Formatierung wählst du das Menü „Weitere Rahmenlinien".

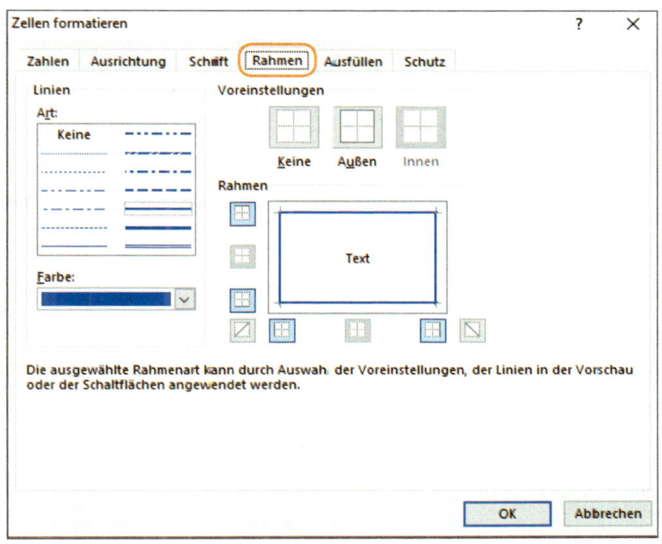

Schattierung und Ausrichtung

Aus den Schreibprogrammen kennst du bereits verschiedene Formatierungen. Schattierungen fügst du mit dem „Farbeimer" hinzu (siehe nebenstehende Abbildung). Für die Ausrichtung in der Zelle benötigst du die nebenstehend dargestellten Symbole.

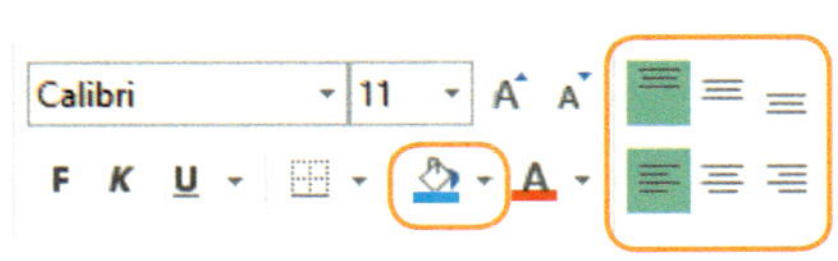

Abb. 1

Abb. 2

Abb. 3

1 Betrachte die Abb. 1–3 zur Ausrichtung in der Zelle. Erstelle selbst die jeweiligen Ausrichtungen in deinem Kalkulationsprogramm.

2 Öffne deine „Datei_1“ und gestalte die Tabelle ähnlich wie nebenstehend abgebildet nach. Wähle für dich passende Farben. Wende folgende Formatierungen an:
a) Zeilenhöhe der Spaltenüberschriften erhöhen
b) Spaltenüberschriften schattieren und mittig zentriert ausrichten
c) einen dickeren Rahmen außen und bei der Spaltenüberschrift setzen
d) einen dünneren Rahmen innen im unteren Bereich der Tabelle setzen
e) selbst die Zellenausrichtung der Tabelle im unteren Bereich wählen

Bestellname	Bestellung
Martin	Taschenrechner
Lukas	T-Shirt
Lisa	T-Shirt
Paulina	Taschenrechner
Peter	Pullover
Melanie	Pullover
Martina	T-Shirt

1.7 Zellen formatieren

Im Tabellenkalkulationsprogramm kannst du jede einzelne Zelle mit Text, Zahlen oder Formeln beschreiben. Diese Inhalte lassen sich individuell formatieren. Eine Zahl kann z. B. mit oder ohne Dezimalstellen angezeigt werden, je nachdem, ob diese benötigt werden oder nicht.
Unter dem Menüpunkt „Start → Zahl“ rufst du das Untermenü „Zellen formatieren“ auf. Alternativ kannst du über die Schnellbedienung mit Einschränkungen deine Zelle schnell formatieren.

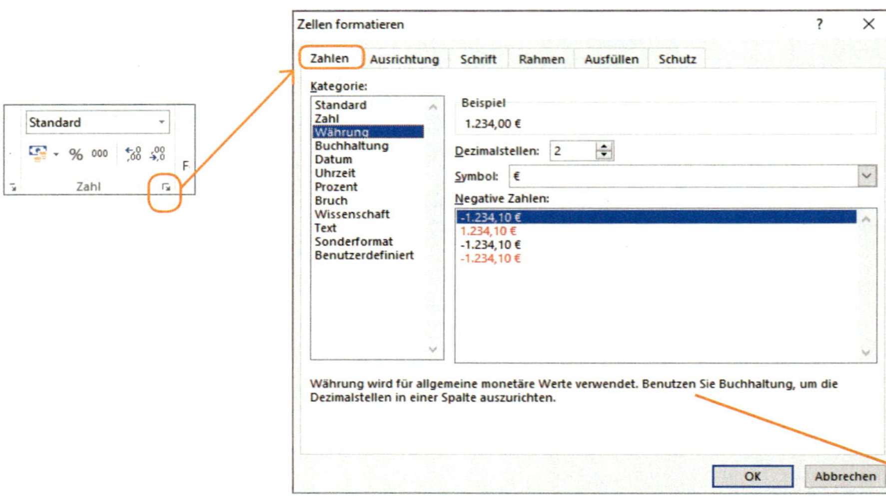

Beispiel
Die Beispieltabelle zeigt verschiedene Möglichkeiten der Formatierung von Inhalten. So lassen sich etwa die Zellen mit Zahl, Währung usw. in verschiedener Weise formatieren.

	A	B	C	D
1	Text	Standard	Zahl	Währung
2	Einnahmen	123	1234,00	1.234,00 €
3	Ausgaben		1.234,00	$1.234,00
4			1.234,000	1.234,00 EUR
5				

1 Schau dir das oben dargestellte Beispiel an. Besprecht in Partnerarbeit Unterschiede innerhalb der Spalten.

2 Gib die Inhalte in deiner „Datei_1“ ein und formatiere sie wie oben dargestellt. Lasse etwas Abstand zur Tabelle aus Aufgabe 2 von oben auf dieser Seite.

3 Gib bei Zahl und Währung je eine negative Zahl ein, also mit einem Minus davor. Formatiere diese so, dass sie rot dargestellt werden.

Tipp

Löschst du den Inhalt einer Zelle, so bleibt ihre Formatierung trotzdem erhalten. Die Formatierung kannst du nur unter „Start → Bearbeiten → Löschen“ entfernen.

1.8 Beispiel: Bestellung der achten Klassen

In deiner Schule wird in den achten Klassen eine Sammelbestellung organisiert. Im Rahmen dieser Bestellung können Artikel angeschafft werden, die im Unterricht benötigt werden, und auch die Schulkleidung mit dem schuleigenen Logo. Jede achte Klasse soll nun zunächst ihre eigene Bestellung im Fach „Informatik" übersichtlich darstellen.

1 Öffne eine neue Datei im Kalkulationsprogramm. Speichere sie unter dem Namen „Datei_2" ab. Richte deine Tabelle horizontal und vertikal aus, wie es auf Seite 20 beschrieben ist.

2 Übertrage folgende Tabelle in das leere Tabellenblatt. Wähle die Schriftart Calibri, 12 und 14 Punkt.

	A	B	C	D	E	F
1	**Sammelbestellungen der 8. Klassen**					
2						
3	Bestellungen der Klasse 8 ...					
4						
5	Größe	Taschen-rechner	T-Shirt männlich	T-Shirt weiblich	Pullover männlich	Pullover weiblich
6	Typ A	15				
7	Typ B	7				
8	XS		0	1	0	1
9	S		1	6	1	5
10	M		5	1	6	1
11	L		4	1	4	1
12	XL		1	0	0	0
13	Anzahl					

3 Gestalte deine Tabelle mit den Formatierungen und Veränderungen der vorhergehenden Seiten ansprechend und übersichtlich. Wende folgende Formatierungen selbstständig an:
a) Zellen verbinden und zentrieren
b) Zeilenumbruch
c) Spaltenbreite und Zeilenhöhe anpassen
d) Zellinhalte ausrichten: mittig zentriert, mittig links
e) Schattierungen, Fett, gegebenenfalls Schriftfarbe
f) Rahmenlinien farbig, zwei unterschiedliche Linienstärken
g) Zellinhalt formatieren: Text, Zahl
Achte darauf, dass die Farben, die du verwendest, zueinander passen und dass die Tabelle optisch ansprechend ist.

4 Speichere dein Ergebnis.

Tipp

Vieles über Formatierungen und Gestaltung weißt du bereits aus dem Textverarbeitungsprogramm, etwa Rahmen, Schriftfarbe usw. Falls du etwas vergessen hast, nutze einfach die Hilfefunktion im Programm. In den meisten Programmen ist sie als Fragezeichen dargestellt und rechts oben in der Arbeitsoberfläche platziert.

2. Situation: Formeln, Funktionen und Berechnungen

2.1 Mit „einfachen“ Formeln ohne Funktion rechnen

Ein großer Vorteil des Kalkulationsprogramms ist das Rechnen mit Formeln. Es gibt viele verschiedene Formeln. Du kannst eine Formel entweder direkt in die Zelle oder in die Bearbeitungszeile eingeben. Jede Formel beginnt mit einem **Gleichheitszeichen** =. Am Anfang wendest du erst einmal „einfache“ Formeln ohne Funktion an. Funktionen sind fertige Formeln, die das Programm bereitstellt.

Schritt 1: Daten eingeben

Gib die Daten der nebenstehenden Tabelle in deine „Datei_1“ ein. Füge dafür ein neues Tabellenblatt ein. Wende die Schriftart Calibri, 11 Punkt, an.
Verwende die folgenden Symbole für Berechnungen:

Addition	+
Subtraktion	–
Multiplikation	* (Sternchen)
Division	/

Addition +			Subtraktion –	
Buch	19,95 €		Einnahmen	92,83 €
Zeitschriften	14,53 €		Ausgaben	52,67 €
Summe			Restbetrag	
Multiplikation *			Division /	
Taschengeld	45,00 €		Gesamtkosten	840,00 €
Monat	12		Anzahl der Personen	8
Taschengeld im Jahr			Kosten pro Person	

Schritt 2: Formatieren

Setze die folgenden Formatierungen um. Einige davon kennst du aus den Textverarbeitungsprogrammen:

- Überschrift: Zellen verbinden, fett, zentrieren, Schriftgröße 12 Punkt, Schattierung
- Ergebnis: Rahmenlinien fett, Schattierung
- Zellenformatierungen „Zahl“ und „Währung“, Spaltenbreite anpassen

Schritt 3: Berechnen

Berechne für jede Rechenart das Ergebnis. Hinweis: Es werden in den Formeln nicht die Inhalte der Zellen angezeigt, sondern die Zellenbezeichnungen.

So gehst du vor:

- Ergebniszelle markieren
- Die Formel mit einem = beginnen
- erste Zelle anklicken oder per Tastatur eingeben (B3)
- Rechenzeichen einfügen (+)
- nächste Zelle mit Inhalt aktivieren (B4) usw.
- am Ende die Formel mit der Enter-Taste bestätigen

19,95 €
14,53 €
=B3+B4

Beispiel einer Formeleingabe

Info

Wie du im Beispiel sehen kannst, markiert das Programm die Zellen zur Erleichterung der Kontrolle farbig. Werden Zellen durch Klicken der Formel hinzugefügt, entsteht ein sogenannter Zellbezug. Das ist ein direkter Bezug zu der einzelnen Zelle, auf die geklickt wurde.

Schritt 4 a: Lösung mit Ergebnissen

Führe alle Rechenarten durch. Verwende die jeweiligen Symbole.
So sollte deine Tabelle nach der Berechnung aussehen.

Addition +			Subtraktion –	
Buch	19,95 €		Einnahmen	92,83 €
Zeitschriften	14,53 €		Ausgaben	52,67 €
Summe	34,48 €		Restbetrag	40,16 €
Multiplikation *			**Division /**	
Taschengeld	45,00 €		Gesamtkosten	840,00 €
Monat	12		Anzahl der Personen	8
Taschengeld im Jahr	540,00 €		Kosten pro Person	105,00 €

Lösung der Tabelle

Schritt 4 b: Lösung mit Formeln

Speichere deine Übungsdatei ab. Falls in deiner Tabelle einige Ergebnisse nicht stimmen, hast du mit der nachfolgenden Tabelle eine Korrekturmöglichkeit.
Vergleiche mit deiner Tabelle und verbessere gegebenenfalls deine Formeln.

Addition +			Subtraktion –	
Buch	19,95 €		Einnahmen	92,83 €
Zeitschriften	14,53 €		Ausgaben	52,67 €
Summe	=E3+E4		Restbetrag	=E3-E4
Multiplikation *			**Division /**	
Taschengeld	45,00 €		Gesamtkosten	840,00 €
Monat	12		Anzahl der Personen	8
Taschengeld im Jahr	=B11*B12		Kosten pro Person	=E11/E12

Lösung der Tabelle mit sichtbaren Formeln

1 Verändere in jeder Tabelle den Zahlenwert der ersten Zelle (bei „Buch“, „Einnahmen“, „Taschengeld“, „Gesamtkosten“) um 1 € und bestätige diese Änderungen jeweils mit der Enter-Taste.

2 Beschreibe einer Partnerin/einem Partner mit eigenen Worten die Auswirkungen der Veränderung.

3 Verändere sinnvoll die Zahlen bei den übrigen Zellen („Zeitschriften“, „Ausgaben“, „Monat“, „Anzahl der Personen“).

Info

Warum verändert sich das Ergebnis automatisch mit?
Durch den Zellbezug in der Formel auf die einzelnen Zellen, z. B. B3 oder B4, wird die Veränderung des Inhalts dieser Zellen in der Formel automatisch berücksichtigt und berechnet.

2.2 Formeln mit „Funktionen“ eingeben

Bisher hast du die Formeln selbst eigegeben. Du hast wie bei einem Taschenrechner Beträge mit dem jeweiligen Rechenzeichen und bei Bedarf mit Klammern eingetippt.
Das Kalkulationsprogramm kennt jedoch eine große Erleichterung, die Funktionen. Dies sind **vorgefertigte Formeln**, die das Programm zur Verfügung stellt. Du musst nur die richtige Funktion eingeben und das Programm errechnet dann selbstständig das Ergebnis. Beispielsweise gibt es die Funktion „Summe“, die, wie schon der Name verrät, die Summe der eingegebenen Zellwerte berechnet. Du kannst aus einer Vielzahl von Funktionen, die im Programm hinterlegt sind, auswählen.

Die Formeln mit Funktionen sind stets nach dem gleichen Schema aufgebaut:

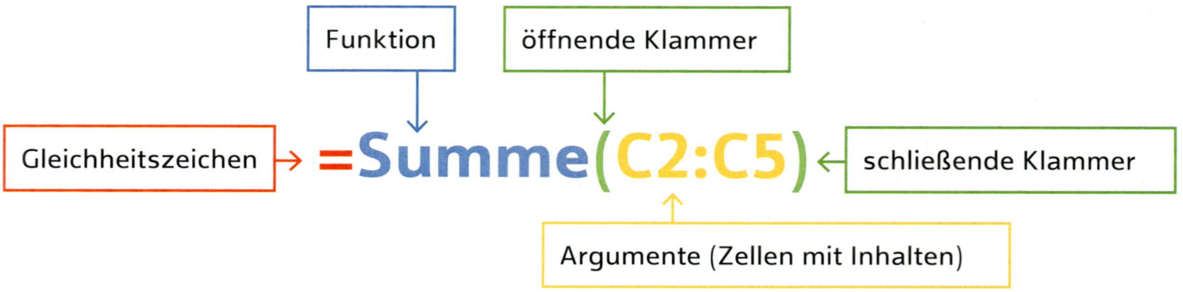

Mit der Eingabe eines Gleichheitszeichens startest du die Eingabe der Formel. Anschließend folgt der Name der Funktion, z. B. „Summe“, „Min“, „Max“ oder „Mittelwert“.
Danach folgt das Zeichen „Klammer auf“. In die Klammer schreibst du die Argumente, also die Zellen mit ihren Inhalten. Du beendest die Formel mit dem Zeichen „Klammer zu“. Zum Schluss bestätigst du noch mit der Enter-Taste.

Im Menüpunkt **„Formeln“** lassen sich unter **„Funktion einfügen“** alle Formeln finden und einfügen, die im Programm zur Verfügung stehen. Hier wird auch genauer erklärt, was die Formel jeweils berechnet.

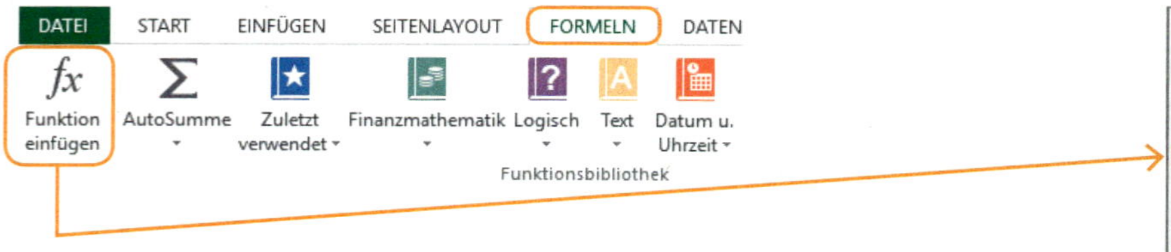

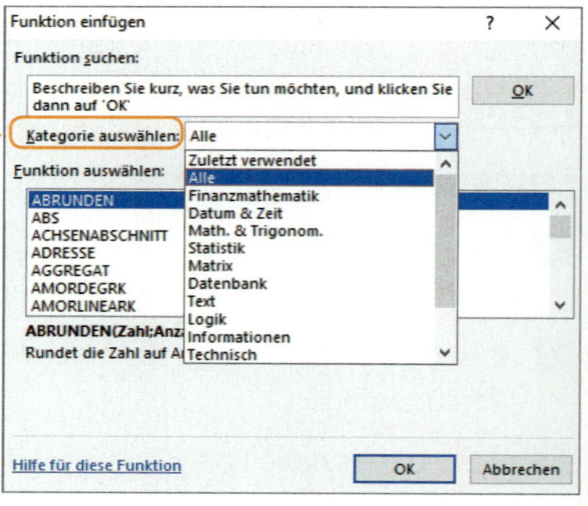

Unter „Kategorie auswählen“ kannst du die entsprechenden Funktionen eingrenzen. Unter „Alle“ werden dir alle Funktionen des Programms angezeigt.

Das unten abgebildete Symbol findest du neben der Bearbeitungszeile. Es bietet dir einen Schnellzugriff auf die Funktionen.

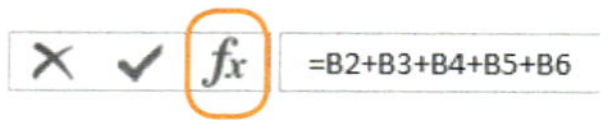

1 Suche die beiden beschriebenen Symbole in deinem Programm auf.

2 Schaue dir zusammen mit einer Partnerin/einem Partner das Angebot an Funktionen genauer an. Informiert euch über „Summe“, „Min“, „Max“ und „Mittelwert“.
Beschreibt kurz, was diese Funktionen berechnen bzw. anzeigen.

Funktion „Summe“

Um eine Summe zu berechnen, gibt es verschiedene Möglichkeiten. Hier werden drei Varianten gezeigt.

Variante 1

Taschenrechner
15
7
=B6+B7

Variante 2

T-Shirt männlich
0
1
5
4
1
=Summe(C8:C12)

Variante 3

T-Shirt weiblich
1
6
1
1
0

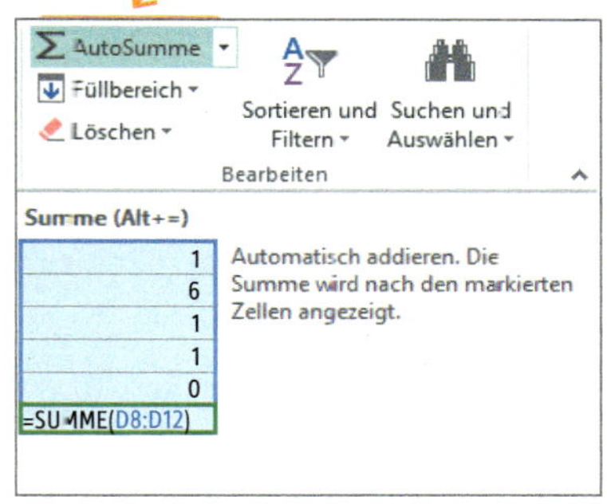

3 Betrachte die verschiedenen Varianten zur Summenberechnung und beschreibe mit eigenen Worten die Unterschiede.

4 Versuche mit deiner Partnerin/deinem Partner die Vorgehensweise herauszufinden. Nutzt dabei eure „Datei_2“ und berechnet wie oben dargestellt.

5 Begründe, welche Formel bei Variante 1 am sinnvollsten ist.

Bei Variante 3 wird das Symbol **„Σ AutoSumme“** genutzt. Dieses Symbol findest du an mehreren Positionen in deinem Programm. Wenn du dieses Symbol verwendest, stellst du fest, dass die Formel genauso aussieht wie bei Variante 2.
Achtung: Überprüfe den Zellbereich genau. Nicht immer wird dir mit dieser Funktion der passende Zellbereich vorgeschlagen. Passe diesen gegebenenfalls an.

Bei der Eingabe einer Formel kannst du ebenfalls die Auto-Vervollständigung nutzen. Achte jedoch darauf, was dir das Programm anbietet. Nicht immer schlägt die Autofunktion die Berechnungsmöglichkeit vor, die du anwenden willst.

Cap	Trinkflasche
	2
	5
1	
5	
2	
0	
0	

6 Ergänze deine Tabelle „Sammelbestellung“ um die nebenstehenden Spalten.

7 Passe die Spalten automatisch an.

8 Nimm notwendige Gestaltungen vor (z. B. Rahmen, Schriftart, Schriftgröße, Ausrichtung, Schattierung).

9 Berechne die Anzahl der ergänzten Spalten. Wähle selbst eine der Varianten zur Berechnung aus.

10 Schattiere die Zeile „Anzahl“ in einer geeigneten Farbe. Speichere die Datei ab.

11 Ergänze die Tabelle sinnvoll um einen weiteren Bestellartikel. Berechne die Anzahl nach Eingabe realistischer Bestellmengen (Schüleranzahl der Klasse berücksichtigen) und passe die Spaltenbreite ebenfalls an.

So könnte deine Tabelle aussehen.

	A	B	C	D	E	F	G	H
1	Sammelbestellungen der 8. Klassen							
2								
3	Bestellungen der Klasse 8 ...							
4								
5	Größe	Taschen-rechner	T-Shirt männlich	T-Shirt weiblich	Pullover männlich	Pullover weiblich	Cap	Trink-flasche
6	Typ A	15						2
7	Typ B	7						5
8	XS		0	1	0	1	1	
9	S		1	6	1	5	5	
10	M		5	1	6	1	2	
11	L		4	1	4	1	0	
12	XL		1	0	0	0	0	
13	Anzahl	22	11	9	11	8	8	7

12 Vergleiche deine Tabelle mit der oben dargestellten. Nimm gegebenenfalls Korrekturen oder Ergänzungen vor. Denke an das Abspeichern.

2.3 Veränderungen von Zellinhalten bei Formeln

Das Arbeiten mit Formeln im Kalkulationsprogramm hat einen großen Vorteil. Nachträgliche Veränderungen der Zellinhalte werden automatisch berücksichtigt und das Ergebnis angepasst. Das funktioniert, weil ein Zellbezug durch das Verwenden der Zellen, z. B. B3 oder B4, vorliegt. Falls du Zahlen direkt in die Formel eingeben würdest, statt einen Bezug herzustellen, müsstest du bei Änderungen jedes Mal die Zahlen in der Formel ersetzen. Die automatische Neuberechnung durch die Formel würde dann nicht funktionieren.

1 Kopiere die Tabelle „Sammelbestellung" und füge diese nach sechs Leerzeilen wieder ein.

2 Verändere den Kopf zu „Bestellung der Klasse 8 f".

3 Übernimm die Veränderungen der unten abgebildeten Tabelle.

4 Beachte dabei das Ergebnis.

20	Bestellungen der Klasse 8 f							
21								
22	Größe	Taschen-rechner	T-Shirt männlich	T-Shirt weiblich	Pullover männlich	Pullover weiblich	Cap	Trink-flasche
23	Typ A	10						3
24	Typ B	11						6
25	XS		0	2	0	1	1	
26	S		0	6	0	4	4	
27	M		6	2	5	3	1	
28	L		5	0	5	0	1	
29	XL		2	0	1	0	0	
30	Anzahl	21	13	10	11	8	7	9

2.4 Grundrechenarten anwenden und vertiefen

Da die Bestellmengen nun feststehen, können mit den Preisen der einzelnen Posten die Gesamtkosten berechnet werden.

1 Betrachte die nachstehende Abbildung.

Anzahl	22	11	9	11	8	8	7
Preise	?	?	?	?	?	?	?
Kosten	?	?	?	?	?	?	?
Gesamtkosten							?

2 Ergänze bei der Bestellübersicht von Seite 30, Aufgabe 12, unterhalb der Zeile „Anzahl" die Zeilen aus Aufgabe 1 „Preise", „Kosten" und „Gesamtkosten".

3 Nimm die entsprechenden und notwendigen Formatierungen vor: Schattierungen, Spaltenbreite anpassen, Zellen verbinden und zentrieren, Zellenausrichtung, Rahmen. Verwende die von dir bereits gewählten Farben.

4 Übernimm folgende Preise und formatiere diese in der Währung „€".

Preise	25,99 €	23,95 €	20,95 €	29,95 €	26,95 €	12,95 €	9,95 €

5 Berechne die anfallenden Kosten der jeweiligen Artikel. Falls du Hilfe benötigst, informiere dich nochmals auf den Seiten 26/27.

6 Berechne auch die Gesamtkosten der Bestellung. Hebe dieses Ergebnis durch einen breiteren Rahmen hervor. Vergleiche deine Ergebnisse mit denen deiner Partnerin/deines Partners. Speichere dein Ergebnis ab.

Nun hast du schon etwas Erfahrung beim Eingeben der Formeln und beim Ergänzen von Tabellen.

7 Verfahre bei der Tabelle „Bestellung der Klasse 8 f" ebenso. Setze die Aufgaben 2–6 für diese Tabelle um. Die Preise sind die gleichen. Speichere dein Ergebnis ab.

2.5 Summe von getrennt liegenden Zellen berechnen

Manchmal müssen Werte aus Zellen berechnet werden, die nicht direkt nebeneinander liegen. Diese können zwar per Tastatur mühsam eingegeben werden, doch viel schneller geht es mit einem Trick: die Verwendung der Strg-Taste.

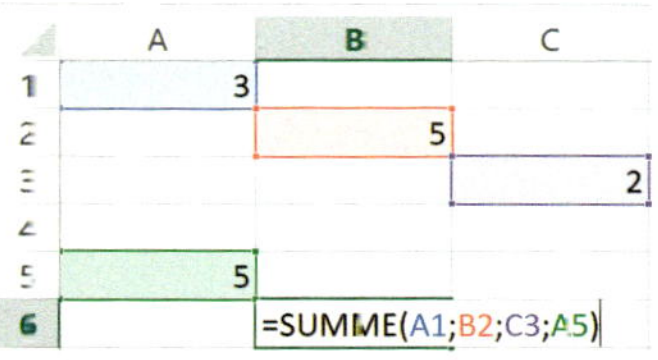

1 Ariane möchte wissen, wie viel sie für ihre Bestellung zahlen muss. Sie hat je einen der folgenden Artikel bestellt: T-Shirt weiblich, Pullover weiblich, Taschenrechner, Trinkflasche. Berechne unterhalb der Gesamtsumme die Kosten für Ariane. Nutze die Strg-Taste, um die verschiedenen Zellen zu markieren.

2 Vergleiche deine Formel mit der rechts abgebildeten Summenformel. =Summe(B14;D14;F14;H14)

Tipp

Um nicht nebeneinander liegende Zellen zu markieren, hältst du die Strg-Taste gedrückt. Dann klickst du alle gewünschten Zellen nacheinander an.

2.6 Weitere Funktionen: Minimalwert, Maximalwert, Mittelwert

Neben den Formeln und Funktionen, die mithilfe der Grundrechenarten einen Wert errechnen, gibt es Funktionen, die aus einer Vielzahl von Zahlen einen Wert suchen bzw. berechnen. Das sind z. B. der minimale Wert, der maximale Wert und der Mittelwert der angegebenen Zahlen. Diese Formeln werden genauso wie die bereits bekannten Formeln eingegeben. Als Funktion wird nicht Summe, sondern **Min** (= minimal), **Max** (= maximal) und **Mittelwert** eingegeben.

Info

In der Registerkarte „Formeln" unter dem Menüpunkt „Funktionen einfügen" kannst du dich über die Funktionen und deren Beschreibung genauer informieren.

Nun kannst du die neuen Funktionen anwenden und üben.

1 Ergänze in deiner „Datei_2" ein neues Tabellenblatt und gibt die Daten der nachstehenden Tabelle „Besucherzahlen Konzerte" ein.

2 Nimm die dargestellten Formatierungen an deiner Tabelle vor. Formatiere die Zahlen als „Zahl ohne Dezimalstellen" und verwende ein 1.000er-Trennzeichen.

	A	B	C	D
1	Besucherzahlen Konzerte			
2	Konzertort	Dichter & Band	Kathi & Sinn	Campe & Olli
3	Regensburg	1.350	1.895	1.658
4	Augsburg	1.020	1.105	1.322
5	Passau	950	935	998
6	München	1.325	1.380	1.215
7	Würzburg	1.115	1.078	1.050
8	Nürnberg	1.850	1.783	1.920
9				
10	Minimal			
11				
12	Maximal			
13				
14	Mittelwert			

3 Berechne aus den angegebenen Zahlen die folgenden drei Werte: Minimalwert, Maximalwert und Mittelwert für alle Konzerte der drei Gruppen.
Die folgende Abbildung hilft dir bei der Formeleingabe.

Minimal	=MIN(B3:B8)
Maximal	=MAX(B3:B8)
Mittelwert	=MITTELWERT(B3:B8)

Beispiel einer Berechnung von Minimalwert, Maximalwert und Mittelwert

4 Ergänze unter „Mittelwert" nach einer freien Zeile „Summe".
Führe die entsprechenden Formatierungen durch.

5 Berechne für alle Konzerte die gesamten Besucherzahlen aller Aufführungen.
Stelle das Ergebnis mit einem 1.000er-Trennzeichen dar.

6 Ergänze die Tabelle um eine weitere Künstlerin namens „Alex". Nimm alle Formatierungen vor und führe die Berechnungen wie in den Aufgaben 3–5 durch.
Passe die Breite der Überschrift an. Speichere dein Dokument ab.

Alex
1.738
1.295
924
1.286
1.035
1.875

2.7 Tabellen drucken

Druckbereich festlegen

Bevor du eine Tabelle ausdrucken kannst, musst du den Druckbereich festlegen. Der Druckbereich ist ein von dir ausgewählter Bereich des Tabellenblatts, der gedruckt werden soll. Bei seiner Festlegung kannst du im gleichen Arbeitsgang auch die Kopf- und Fußzeile bestimmen. Zunächst markierst du den Bereich, den du drucken willst, mit der Maus. Dann legst du ihn als Druckbereich fest. Dazu gehst du in das Menü „Seitenlayout“ und dort in den „Druckbereich“ (siehe Abbildung).

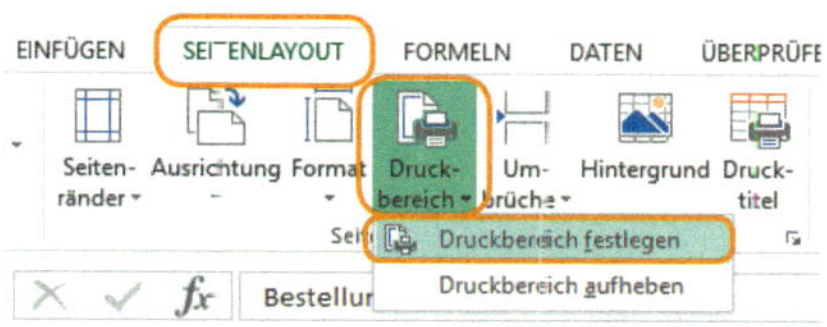

Unter dem Menü „Seitenlayout“ kannst du unter „Seite einrichten“ auch die Seitenränder nach Wunsch einstellen und den Druckbereich zentrieren.

Richte dazu den Druckbereich horizontal und vertikal auf dem Blatt aus.

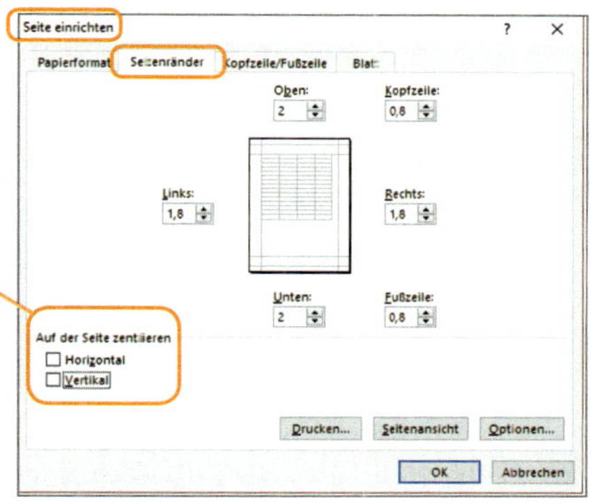

Kopf- und Fußzeile einfügen

Füge eine Kopf- und Fußzeile ein, um deine Ausdrucke entsprechend zu beschriften. Unter „Benutzerdefinierte Kopfzeile...“ hast du die Möglichkeit, eine individuelle Beschriftung hinzuzufügen.

Unter „Papierformat“ kannst du Änderungen vornehmen, die das Format (die Blattgröße) betreffen.

Überprüfe vor dem Ausdrucken stets die Druckseite in der „Seitenansicht“.

Diese Einstellungen (Papierformat, Kopfzeile, Seitenränder usw.) kannst du auch über andere Klickwege vornehmen, die du bereits aus den Textverarbeitungsprogrammen kennst. Die verschiedenen Programme bieten dir hier unterschiedliche Lösungen an, die du auch über die Hilfe-Funktion findest.

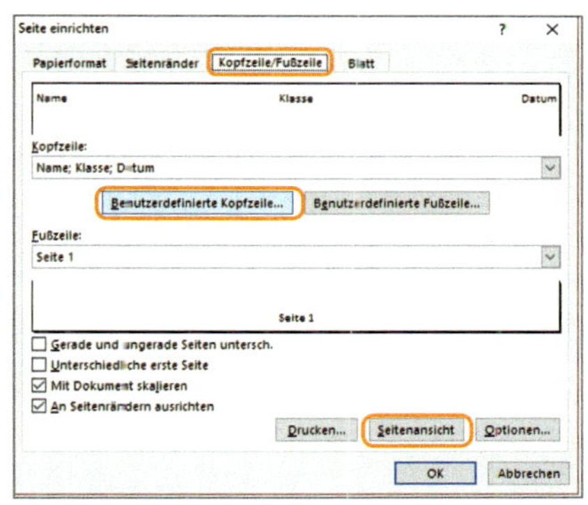

Tipp

Bevor du deine Seite ausdruckst, kontrolliere:
- **Ist der Druckbereich festgelegt?**
- **Ist der Druckbereich horizontal und vertikal ausgerichtet?**
- **Ist mein Dokument entsprechend beschriftet?**

1 Lege den Druckbereich für die beiden „Sammelbestellungen“ fest.

2 Füge unter „Seite einrichten“ eine Kopf- und eine Fußzeile ein und beschrifte sie so:
a) Kopfzeile: links: Name; Mitte: Klasse ...; rechts: aktuelles Datum
b) Fußzeile: Mitte: Seitenzahl

3 Richte deine Tabelle horizontal und vertikal aus.

4 Überprüfe, ob das Papierformat abgeändert werden muss, und drucke die Seite aus.
Führe die Aufgaben 1 – 4 ebenfalls für die Tabelle „Besucherzahlen Konzerte“ durch.

2.8 Zeilen oder Spalten nachträglich hinzufügen und löschen

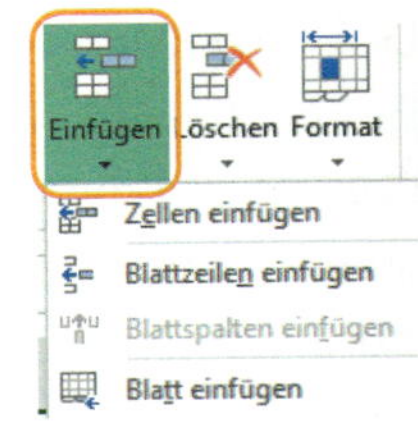

Manchmal benötigst du im Nachhinein zum Berechnen der Ergebnisse noch zusätzliche Zeilen oder Spalten innerhalb der erstellten Tabelle. Diese fügst du auf einfache Weise hinzu. Markiere die Zeile, bei der du eine Zeile einfügen möchtest. In der Registerkarte „Start" im Menüpunkt „Zellen" können unter „Einfügen" einzelne Zellen, Zeilen und Spalten eingefügt werden. Hinweis: Zeilen werden automatisch oberhalb eingefügt und die Spalten werden links davon erstellt.
Auf dem gleichen Weg lassen sich überflüssige Zeilen und Spalten wieder entfernen.

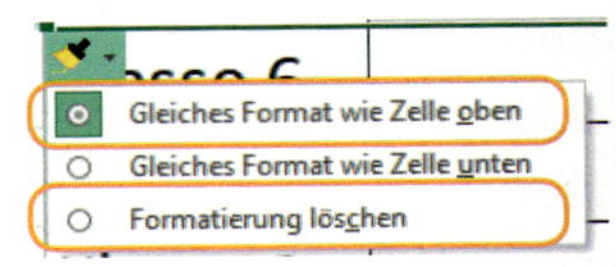

Beim Einfügen kann die Formatierung der jeweils benachbarten Zellen mit eingefügt werden. Durch einen Klick auf die Auswahl „Gleiches Format wie Zelle oben" können die Formate der Zelle übernommen oder mit „Formatierung löschen" gelöscht werden.

Tipp

Du kannst auch im Außenbereich mit einem Klick der rechten Maustaste auf die Zeilen- oder Spaltenbeschriftungen nachträglich Zeilen oder Spalten hinzufügen. Es öffnet sich ein Menü, in dem du die Einfügung vornimmst.

1 Füge in das Tabellenblatt „Sammelbestellungen der 8. Klassen" zwei weitere Zeilen zwischen den beiden Bestellungen ein, sodass dort vier freie Zeilen vorhanden sind.

2.9 Inhalte löschen

Die Inhalte in Zellen oder Tabellen lassen sich auf unterschiedliche Weise löschen. Dies funktioniert ähnlich wie bei den Tabellen in einem Textverarbeitungsprogramm.
Du kannst sowohl mit der **Löschtaste** als auch mit der **Entf-Taste** Inhalte löschen. Es gibt jedoch einen Unterschied zwischen diesen beiden Tasten.

	A	B
1	Bestellliste	Bestellung
2	Anna	Butterbreze
3	Peter	Pizzastück
4	Lisa	Butterbreze
5	Andrea	Pizzastück
6	Andreas	Käsesemmel
7	Linda	Butterbreze
8	Martin	Käsesemmel
9	Martina	Pizzastück

Abb. 1: Hier wurde von der Zelle „Pizzastück" (B9) aus markiert.

→

	A	B
1	Bestellliste	Bestellung
2	Anna	Butterbreze
3	Peter	Pizzastück
4	Lisa	Butterbreze
5	Andrea	Pizzastück
6	Andreas	Käsesemmel
7	Linda	Butterbreze
8	Martin	Käsesemmel
9	Martina	

Abb. 2: Hier wurde mit der Löschtaste gelöscht.

→

	A	B
1	Bestellliste	Bestellung
2		
3		
4		
5		
6		
7		
8		
9		

Abb. 3: Hier wurde mit der Entf-Taste der Inhalt entfernt.

Durch einen **Rechtsklick** auf eine Zelle oder einen Zellbereich kannst du ebenfalls Inhalte löschen.

1 Betrachte die drei Abbildungen genau und erkläre mit eigenen Worten den Unterschied zwischen den Abbildungen 2 und 3.

2 Übe die beiden Möglichkeiten des Löschens in deiner „Datei_1" in einem neuen Tabellenblatt.

3. Situation: Zellbezüge und weitere Funktionen

3.1 Relativer und absoluter Zellbezug

Damit du nicht immer die gleichen Formeln, die sich vielleicht in den Spalten und Zeilen wiederholen, eingeben musst, kannst du diese auch „kopieren“. Hierbei musst du etwas beachten: den relativen und den absoluten Zellbezug. Diese beiden Arten des Bezugs erzeugen beim Kopieren der Formel in eine andere Zeile und Spalte verschiedene Ergebnisse.

Der relative Bezug

Beim relativen Bezug wird beim Kopieren oder beim automatischen Ausfüllen die **Formel angepasst**. Das heißt, dass die Bezüge des ursprünglichen Orts beim Kopieren an einen neuen Ort dort im vorgegebenen Verhältnis (= relativ, verhältnismäßig) angepasst werden.

Angenommen, in der Zelle D3 steht die Formel „=B3*C3“. Diese Formel wird in die nächste Zeile, in die Zelle D4, kopiert. Die Formel wird dann am neuen Ort automatisch angepasst und verändert sich folgendermaßen: Aus „=B3*C3“ wird „=B4*C4“. Der Bezug zu den Zellen wird relativiert, also zu den zugehörigen Zellen in einen verhältnismäßigen Bezug gesetzt. Das Programm fasst die Formel in C4 so auf: „Multipliziere den Wert in der Zelle links daneben mit dem Wert der übernächsten Zelle links daneben.“ Diese Anweisung wird dann mit der Formel in die Zelle D4 kopiert.

Das nachfolgende Beispiel stellt den relativen Bezug nochmals dar.

	A	B	C	D
1	Bestellung			
2	**Artikel**	**Anzahl**	**Einzelpreis**	**Gesamtpreis**
3	Bildschirm	5	235,00 €	1.175,00 €
4	Tastatur	5	49,95 €	
5	Maus	4	29,95 €	
6	Drucker	2	389,95 €	
7	Kopfhörer	7	26,46 €	
8	Mousepads	10	14,99 €	
9	Gesamtsumme			

Gesamtpreis
=B3*C3
=B4*C4
=B5*C5
=B6*C6
=B7*C7
=B8*C8

Formel in die nächsten Zeilen kopieren

Ergebnisse der kopierten Formel

	A	B	C	D
1	Bestellung			
2	**Artikel**	**Anzahl**	**Einzelpreis**	**Gesamtpreis**
3	Bildschirm	5	235,00 €	1.175,00 €
4	Tastatur	5	49,95 €	249,75 €
5	Maus	4	29,95 €	119,80 €
6	Drucker	2	389,95 €	779,90 €
7	Kopfhörer	7	26,46 €	185,22 €
8	Mousepads	10	14,99 €	149,90 €
9	Gesamtsumme			

Gesamtpreis jedes Artikels durch Kopieren der Formel mit relativem Bezug berechnen

Den relativen Bezug hast du bisher beim Kopieren einer Formel automatisch verwendet, ohne den zugehörigen Fachbegriff zu kennen.

1 Öffne deine „Datei_1“ und ergänze ein neues Tabellenblatt.

2 Gib die Werte der oben dargestellten Tabelle „Bestellung“ ein. Wende die entsprechenden Formatierungen an.

3 Berechne den Gesamtpreis des Artikels „Bildschirm“. Berechne dann die Gesamtpreise aller weiteren Artikel und wende den relativen Bezug an, indem du die Formel kopierst.

4 Berechne die Gesamtsumme.

5 Füge zwischen der Tabellen- und den Spaltenüberschriften eine freie Zeile ein. Eine Hilfestellung dazu findest du auf Seite 34. Diese Zeile soll keinen Rahmen enthalten.

6 Speichere das Dokument.

Der absolute Bezug

Der absolute Bezug unterscheidet sich vom relativen Bezug dadurch, dass er immer wieder auf **eine bestimmte Zelle** zurückgreift, auch wenn die Formel in andere Spalten oder Zeilen kopiert wird. Der absolute Bezug wird z. B. bei prozentualen Berechnungen benötigt oder wenn jedes Mal ein gleicher Betrag summiert bzw. subtrahiert werden soll.

Damit das Programm weiß, dass es immer wieder auf die gleiche Zelle zurückgreifen muss, wird der absolute Bezug mit einem **$-Zeichen** gekennzeichnet, z. B. C3. Dies kann auf zwei Wegen geschehen: entweder per Eingabe von $-Zeichen über die Tastatur oder durch Drücken der **Taste F4** nach Auswahl bzw. Markieren der betreffenden Zelle.

Wenn du dann die Formel in darauffolgende Zeilen oder Spalten kopierst, erscheint auch dort zur Berechnung immer wieder der Bezug auf die gleiche Zelle.

	A	B	C
1	Abrechnung Nachbarschaftshilfe Oktober		
2			
3	Stundenlohn		9,50 €
4			
5	Tätigkeit	Arbeitszeit	Verdienst
6	Gartenarbeiten	4,20	=B6*C3
7	Einkaufsbegleitung	8,50	
8	Gehsteig säubern	1,50	
9	Haustiere versorgen	5,50	
10	Fenster putzen	3,75	
11	Gesamtverdienst		

Formel mit absolutem Bezug zur Zelle C3: $-Zeichen eingeben oder Zelle anklicken und Taste F4 drücken

Verdienst
=B6*C3

Formel in die nächsten Zeilen kopieren

Verdienst
=B6*C3
=B7*C3
=B8*C3
=B9*C3
=B10*C3

Ergebnisse der kopierten Formel, jedes Mal mit Bezug zur Zelle C3

	A	B	C
1	Abrechnung Nachbarschaftshilfe Oktober		
2			
3	Stundenlohn		9,50 €
4			
5	Tätigkeit	Arbeitszeit	Verdienst
6	Gartenarbeiten	4,2	39,90 €
7	Einkaufsbegleitung	8,5	80,75 €
8	Gehsteig säubern	1,5	14,25 €
9	Haustiere versorgen	5,5	52,25 €
10	Fenster putzen	3,75	35,63 €
11	Gesamtverdienst		

Verdienst für jede Tätigkeit durch Kopieren der Formel mit absolutem Bezug berechnen

Der absolute Bezug hat den Vorteil, dass man einen Wert nur in einer einzigen Zelle verändern muss und nicht in allen Zellen, in der die Formel steht. Wenn sich im obigen Beispiel der Stundenlohn auf 10,00 € ändern würde, braucht man den neuen Wert nur in die Zelle C3 einzugeben und die Berechnungen in allen Formeln ändern sich automatisch.

1 Öffne die vorhandene „Datei_1“. Lasse fünf Zeilen unterhalb der Tabelle „Bestellung“ von Seite 35 frei und gib die oben dargestellte Tabelle ein.

2 Formatiere deine Tabelle wie oben dargestellt.

3 Wende den absoluten Bezug an und berechne den Verdienst.

4 Errechne den Gesamtverdienst.

5 Speichere das Dokument ab. Drucke es ausgerichtet und beschriftet aus.

Übungen zu den Bezügen

Ergänze für jede Aufgabe in deiner „Datei_2" jeweils ein neues Tabellenblatt, außer es wird etwas anderes gefordert. Gestalte die Tabellen immer ansprechend und nimm Formatierungen entsprechend vor. Speichere deine Ergebnisse stets ab.

1 a) Gib die Daten der rechts dargestellten Tabelle ein. Wende die entsprechenden Formatierungen an.
b) Berechne den Gesamtpreis der einzelnen Gerichte unter Verwendung des relativen Bezugs.
c) Ermittle in einer Zeile unterhalb der Tabelle den kleinsten und den höchsten Einzelpreis sowie den durchschnittlichen Preis aller Gerichte (Hilfestellung auf Seite 32).

	A	B	C	D
1	Essensbestellung			
2				
3	Gericht	Anzahl	Einzelpreis	Gesamtpreis
4	Lasagne	12	6,95 €	?
5	Gemüsegratin	9	5,95 €	?
6	Geschnetzeltes mit Reis/Nudeln	14	7,80 €	?
7				
8				
9	Pudding	5	3,50 €	?
10	Kaiserschmarrn	16	4,25 €	?
11	Joghurt	7	2,00 €	?

2 a) Berechne die jeweilige Fläche für die unterschiedlichen Rechtecke. Nutze den absoluten Bezug.
b) Lasse drei Zeilen frei und erstelle die gleiche Tabelle noch einmal.
c) Fülle diese Tabelle mit eigenen Daten und berechne ebenfalls die Flächen.

Flächenberechnung				
Rechteck				
Länge	120			
Breite	14	22	50	75
Fläche	?	?	?	?

3 a) Berechne die fehlenden Werte in den drei unteren Spalten.
b) Ergänze die Tabelle um Spalten mit Bestellungen weiterer Gemüsearten.
c) Recherchiere den jeweiligen Kilopreis im Internet und berechne.

Gemüsebestellung KW 20				
Verpackung pauschal	5,59 €			
Preis/kg	1,99 €	2,10 €	1,89 €	2,99 €
	Karotte	Brokkoli	Kartoffel	Paprika
Montag	4,50 kg	5,60 kg	5,80 kg	3,70 kg
Mittwoch	8,60 kg	7,80 kg	7,90 kg	3,50 kg
Freitag	7,50 kg	6,50 kg	11,50 kg	4,60 kg
Kosten	?	?	?	?
Kosten mit Verpackung	?	?	?	?
Gesamtkosten	?			

4 a) Gestalte die nebenstehende Tabelle ansprechend. Hebe die zu berechnenden Zellen optisch hervor.
b) Berechne die fehlenden Werte.
c) Greife für „*100" bzw. „/100" auf Zelle C3 zurück.
d) ☒ Ergänze die Tabelle um weitere Aufgaben und berechne diese.

Nr.	Grundwert	Prozentwert	Prozentsatz
		100	
1	330,00	?	18
2	?	24,50	15
3	95,00	45,00	?
4	?	86,00	38
5	1.345,50	?	52

3.2 Verschiedene Formeln mit Funktionen

Bei allen Funktionen im Programm erscheint beim Eingeben der Formel ein kleines Menü, das dich bei der richtigen Eingabe der Formel unterstützt.

SUMME(**Zahl1**; [Zahl2]; ...)

Alle Funktionen, ihre Beschreibung und deren Formel findest du ebenfalls nochmals unter diesem Symbol *fx* oder unter dem Menüpunkt „Formeln“→ „Funktion einfügen“.

Potenzen berechnen

Mit „Potenz“ bezeichnet man das Ergebnis, wenn eine Zahl, z. B. 3 (= genannt **Basis**), ein oder mehrere Male mit sich multipliziert wird. Der sogenannte **Exponent** gibt an, wie oft die Basis, also etwa die Zahl 3, mit sich selbst multipliziert werden soll. Der Exponent wird als hochgestellte Ziffer geschrieben, z. B. 3^3. Die Potenz 3^3 bedeutet also 3*3*3.

	A	B	C
1		**Potenzen berechnen**	
2	Basis	Exponent	Potenz
3	3	3	=POTENZ(A3;B3)
4	2	4	
5	7	3	

Um die Potenz 3^3 zu berechnen, benötigst du die Formel =**Potenz()**.

1 Gib die rechts oben abgebildete Tabelle „Potenzen berechnen“ in deine „Datei_1“ ein und berechne die angegebenen Potenzen.

2 Ergänze jeweils einer Partnerin/einem Partner Vorschläge für Potenzen, die ihr dann berechnet.

Zahlen runden

Ergebnisse mit vielen Stellen rechts vom Komma können zur besseren Übersichtlichkeit mithilfe der Funktion =**Runden()** auf keine, eine oder beliebig mehrere Nachkommastellen gerundet werden.

Beispiel: In der rechts zu sehenden Tabelle „Runden“ soll die Zahl 24,429763 auf zwei Nachkommastellen gerundet werden.
Die Funktion lautet „Runden(A12;2)“. „A12“ bezeichnet dabei die Zelle, deren Inhalt gerundet werden soll. „2“ ist die Anzahl der Stellen nach dem Komma, auf die gerundet wird.

	Runden		
Nachkomma-stellen	2	1	0
24,429763	=RUNDEN(A12;2)		?
153,147682	?	?	?
75,2379	?	?	?
98,23723	?	?	?

1 Lasse etwas Abstand zur Tabelle „Potenzen berechnen“ und gib die Werte der Tabelle „Runden“ ein.

2 Runde die restlichen Zahlen auf zwei Nachkommastellen.

3 Nenne die Formeln zur Rundung auf eine bzw. auf keine Nachkommastelle. Runde alle Zahlen.

4 ☒ Ergänze eigene Vorschläge für Zahlen mit vielen Nachkommastellen. Runde diese ebenfalls.

Kreisberechnungen

Für Berechnungen an Kreisen verwendest du die sogenannte **Kreiszahl Pi (π)**. Pi hat unendlich viele Nachkommastellen. Auf zwei Nachkommastellen gerundet hat Pi den Wert **3,14**. Damit die Berechnungen mit Pi möglichst exakt sind, gibt es im Programm dafür eine eigene Funktion **=PI()**.
Hierbei wird ein möglichst genauer Wert von Pi in der Formel berücksichtigt.

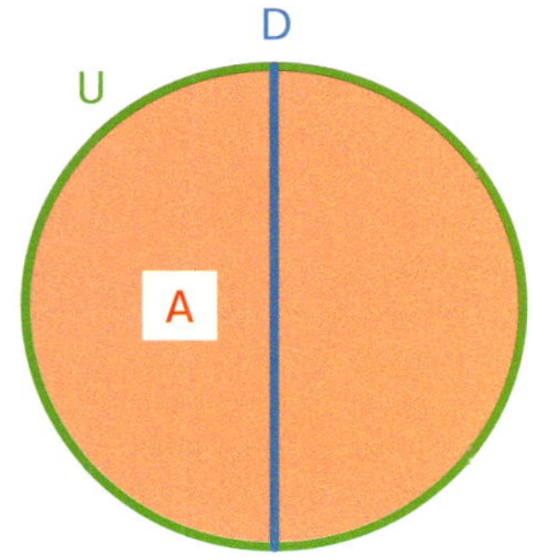

Kleiner Grundkurs in Kreisberechnungen:

Durchmesser: D = 2*r
Umfang: U = 2*π*r
Fläche: A = π*r² oder A = π*(r*r)
Info: Im Programm wird r² als „Zelle^2" geschrieben.

18	Kreisberechnungen			
19	Radius	Durchmesser	Umfang	Fläche
20	3	?	?	=PI()*A20^2
21	5,2	?	?	?
22	8	?	?	?

1 Lasse etwas Abstand zur vorhergehenden Tabelle „Runden" und gib die Daten der Tabelle „Kreisberechnungen" ein.

2 Berechne die fehlenden Werte mit den entsprechenden Formeln und Funktionen.

3 Lasse die Ergebnisse mit vier Nachkommastellen darstellen.

4 Ergänze eigene Möglichkeiten und berechne diese ebenfalls.

Mit Kalenderdaten rechnen

Berechnungen mit Kalenderdaten sind dann nötig, wenn es um Zeitspannen geht. Das ist etwa im Bereich der Geldanlage wichtig, um Zinserträge zu ermitteln.
Das Datum wird folgendermaßen dargestellt. Tag und Monat erhalten jeweils, wenn sie einstellig sind, eine führende Null. Das Jahr wird mit vier Stellen geschrieben. Tag, Monat und Jahr werden jeweils mit einem Punkt getrennt.

Tag	Monat	Jahr
TT.	MM.	JJJJ
02.	05.	2022

Möchtest du das Datum in einzelnen Bestandteilen darstellen lassen, um Berechnungen damit durchzuführen, so verwendest du diese Funktionen, die als Zahl formatiert werden:

Tag	Monat	Jahr
=TAG(A27)	=MONAT(A27)	=JAHR(A27)

1 Zeige mithilfe der Funktion =Heute() das heutige Datum an.

2 Lasse Tag, Monat und Jahr jeweils einzeln darstellen.

3 Gib drei weitere Datumsangaben deiner Wahl ein und lasse auch diese in einzelne Bestandteile aufgeteilt darstellen.

4 Gib den Ein- und Auszahlungstag aus der rechts abgebildeten Tabelle ein, die den Zeitraum einer Geldanlage umfasst.

5 Ermittle, wie lange das Geld angelegt war: wie viele Tage, Stunden, Minuten und Sekunden. Vergleiche dein Ergebnis mit dem der Tabelle.

Einzahlung	15.05.2021
Auszahlung	29.08.2021
Tage	106
Stunden	2.544
Minuten	152.640
Sekunden	9.158.400

Mit Uhrzeitangaben rechnen
So, wie du mit Kalenderdaten rechnest, kannst du auch mit Uhrzeiten rechnen.

Die entsprechenden Formeln lauten:

Stunden	Minuten	Sekunden
=STUNDE(A41)	=MINUTE(A41)	=SEKUNDE(A41)

Uhrzeiten können auf folgende Arten dargestellt werden:

Stunde	Minute	Sekunde
h	m	s

h:mm	hh:mm	hh:mm:ss
8:50	08:50	08:50:30

1 Gib mit der Funktion =Jetzt() die momentane Zeit an.

2 Lasse mithilfe der oben genannten Funktionen die Zeitangabe in ihren einzelnen Bestandteilen darstellen.

3 Gib die rechts abgebildeten drei Uhrzeiten ein und lasse diese ebenfalls in Einzelbestandteilen darstellen.

09:30:00
10:45:15
11:20:35

4 Beschreibe einer Partnerin/einem Partner den Unterschied zwischen den Funktionen „Heute()“ und „Jetzt()“. Nennt Beispiele für die Anwendung dieser Funktionen.

Mit Zeitangaben lassen sich beispielsweise auch Zeiten, die bei einem Wettkampf erreicht werden, errechnen.

Start	08:15:25	10:22:45	11:31:28
Ziel	09:20:33	11:13:12	12:43:58
Dauer	?	?	?

5 Gib die Daten ein und lasse sie entsprechend darstellen.

6 Ermittle jeweils die Zeiten, die die Sportlerinnen und Sportler beim Wettkampf benötigt haben.

7 Ergänze weitere Zeiten und berechne ebenfalls die Zeitdauer.

Nun hast du schon viele Formeln und Funktionen kennengelernt, mit denen du die nachfolgenden Aufgaben sicher lösen kannst.

Falls du Unterstützung brauchst, schlage auf den vorhergehenden Seiten nochmals nach, damit du leichter zu einer Lösung gelangst.

3.3 Übungen

Wende nun dein Wissen über die Berechnungen im Kalkulationsprogramm, das du auf den vorhergehenden Seiten erworben hast, bei den verschiedenen Aufgaben an. Halte dich dabei an folgenden Leitfaden.

Berechnungen im Kalkulationsprogramm

- Berechne immer vier Aufgaben auf einem Tabellenblatt.
- Verwende Formeln bzw. Funktionen und stelle Bezüge zu den Zellen her.
- Füge eine passende Überschrift ein.
- Gestalte deine Tabelle optisch ansprechend:
  - Schattierung und Rahmen (dick, dünn, eventuell Doppellinien)
  - Schriftart und Schriftgröße
  - Zellenausrichtung, Spaltenbreite und Zeilenhöhe anpassen
  - Zellenformatierung (Währung, Nachkommastellen usw.)
- Wende den relativen oder den absoluten Zellenbezug an, je nachdem, ob es die Aufgabe erlaubt.
- Speichere dein Dokument immer wieder ab.
- Vor dem Ausdruck:
  - Kopf- und Fußzeile einfügen
  - Druckbereich festlegen und ausrichten (horizontal und vertikal)

1 Überlege, welche Formel du anwendest, und löse folgende Aufgaben.

a) Addiere 12.275 und 3.353.
b) Subtrahiere 1.275.352 von 1.957.225.
c) Bilde das Produkt der Zahlen 124 und 72.
d) Berechne den Mittelwert aus folgenden Zahlen: 12, 25, 37 und 35.
e) Gib den kleinsten und den größten Wert aus den Zahlen 1.275, 1.173, 2.336, 4.794 und 3.497 an.
f) Löse den Term 46–(33+10).
g) Löse den Term 33:11+36:9.
h) Stellt euch in Partnerarbeit Aufgaben und löst sie gegenseitig im Kalkulationsprogramm.

2 a) Basti hat die nebenstehenden Noten geschrieben. Er möchte seinen aktuellen Notendurchschnitt in Mathematik wissen. Ermittle für ihn das Ergebnis als Zahl mit zwei Nachkommastellen.
b) Berechne nun deinen eigenen Durchschnitt in Mathematik.
c) Berechne deinen aktuellen Durchschnitt in den Hauptfächern.

	A	B
1	Notendurchschnitt Mathematik	
2		
3	Anzahl	Note
4	2	1
5	3	2
6	2	3
7	1	4
8	2	5
9	Summe	?
10	Durchschnitt	?

3 Paula möchte einen Apfelkuchen backen. Sie kauft die rechts aufgeführten Artikel ein.

a) Berechne den Preis je Artikel.
b) Berechne, wie viel Paula insgesamt bezahlen muss.
c) Ermittle den kleinsten, den größten und den durchschnittlichen Wert.
d) Ermittle die Anzahl der eingekauften Artikel mit der Funktion „=Anzahl(Zellbereich)“. Informiere dich zuvor im Menü „Funktion einfügen“, welche Spalte du verwenden solltest.

Artikel	Anzahl	Einzelpreis	Preis je Artikel
Butter	2	1,89 €	?
Mehl	2	0,89 €	?
Zucker	[illegible]	0,80 €	?
Eier 10er	1	3,50 €	?
Nüsse gem.	2	1,99 €	?
Pudding	1	2,30 €	?
Äpfel	5	0,83 €	?
	Gesamtbetrag		?

4 Folgende Bemaßung von Quadern ist (in cm) gegeben.

Höhe	4,25				
Länge	3,20	1,30	4,50	7,00	9,25
Breite	4,00	5,00	4,50	4,00	7,20
Fläche	?	?	?	?	?
Volumen	?	?	?	?	?

Hinweis: Denke bei der Lösung auch an den absoluten Zellbezug.

a) Berechne die Fläche der Quader.
b) Berechne das Volumen der Quader.
c) Verändere die Höhe auf 5,30 m. Beschreibe die Auswirkung.

5 Löse die Aufgaben, indem du die folgende Tabelle anlegst.

8,5	5	5,5
2	25	7

a) $2 \cdot 25 - 8{,}5$
b) $8{,}5 + 7 - 5$
c) $25 : (5 - 2)$
d) $(5 \cdot 7) - (2 \cdot 5)$
e) 5^2
f) 7^5

6

MwSt.	19		
	Einzelpreis (netto)	**19 % MwSt.**	**Endpreis** (inkl. 19 % MwSt.)
Rennrad	1.853,00 €	?	?
E-Bike	1.930,00 €	?	?
E-Scooter	230,00 €	?	?
Helm	75,00 €	?	?
Mountainbike	1.450,00 €	?	?

a) Berechne die MwSt. des jeweiligen Artikels.
b) Berechne den Endpreis.
c) Ergänze in der Zeile der MwSt. pauschale Versandkosten in Höhe von 16,90 €. Berechne den Endpreis für jeden Artikel inkl. Versand.

7 Ein Kreis weist einen Durchmesser von 14,50 cm auf.
a) Berechne den Radius.
b) Berechne den Umfang.
c) Berechne die Fläche.
d) Berechne den Radius, wenn eine Kreisfläche von 229,98 cm^2 bekannt ist. Hilfestellung: Du benötigst die Funktion „=Wurzel(Zelle)“.

8 Deine Eltern haben für dich Geld angelegt, das an deinem 18. Geburtstag frei wird. Verwende deinen eigenen Geburtstag und ermittle das Datum für die Auszahlung.

Geburtstag	tt.mm.jjjj
Auszahlung	=HEUTE()
Laufzeit	
Tage	?
Stunden	?
Minuten	?
Sekunden	?

a) Berechne die Laufzeit der Geldanlage in Tagen, Stunden, Minuten und Sekunden. Lasse die Ergebnisse mit 1.000er-Trennung anzeigen.
b) Ergänze oberhalb der Zeile „Tage" eine weitere Zeile und berechne die Laufzeit in Wochen.
c) Der Betrag, der für dich an deinem 18. Geburtstag zur Verfügung stehen wird, ist 10.800,00 €. Ermittle, wie viel pro Monat eingezahlt wurde.
d) Berechne, wie viel pro Woche angelegt wurde.

9 Übernimm die nachfolgende Tabelle und löse die Aufgaben.

	A	B	C
1	135	5	18
2	4	12	3

a) $135 - (4 \cdot 5) + 3$
b) Summe aus A1 bis C2
c) Produkt aus B1 bis B2
d) $12 \cdot (135 - 4 \cdot 3)$
e) Potenz der Basis B1 und des Exponenten C2
f) Formuliere selbst jeweils zwei weitere Aufgaben nach dem Muster der Aufgaben a) und b). Verwende dafür die Zahlen der Tabelle.
g) Berechne deine Aufgaben.

10 In der Gärtnerei Blume soll die Praktikantin Thea Blumentöpfe mit durchschnittlich 100 g Erde befüllen. Die Chefin nimmt 10 Töpfe und wiegt diese zur Probe.
Das sind die Ergebnisse (in Gramm): 96,102, 98, 104, 103, 97, 100, 101, 98 und 102.
a) Ermittle, ob Thea durchschnittlich 100 g abgefüllt hat.
b) Nenne den kleinsten und größten Wert der abgefüllten Pflanztöpfe.
c) Thea hat bereits 12 % der Töpfe befüllt. Berechne, wie viele Töpfe sie insgesamt zu füllen hat.

11 Thomas arbeitet als Kfz-Mechatroniker. Die Arbeitszeiterfassung zeigt die nebenstehenden Arbeitszeiten an.

Wochentag	Start	Ende
Montag	07:35	16:40
Dienstag	07:20	16:30
Mittwoch	07:45	16:55
Donnerstag	07:40	17:00
Freitag	07:32	16:45

a) Berechne die Arbeitszeiten jedes Tages.
b) Thomas macht täglich 60 Min. Pause. Errechne die Arbeitszeit. Pausen gelten nicht als Arbeitszeit.
c) Thomas bekommt einen Stundenlohn von 16,75 €.
Berechne seinen Verdienst in der vorliegenden Woche, wenn die Überstunden mit berücksichtigt werden.

Info

Um Arbeitszeitstunden in eine Stundenzahl mit Nachkommastellen umzuwandeln, multiplizierst du die Arbeitsstunden mit der Zahl 24 und formatierst sie als Zahl.

Am Ende dieses Kapitels kannst du ...

› die Arbeitsoberfläche des Kalkulationsprogramms bedienen.
› Zellbereiche benennen.
› Tabellen erstellen und diese übersichtlich und ansprechend gestalten.
› Zellinhalte formatieren.
› den Unterschied zwischen dem relativen und dem absoluten Zellbezug erklären und diesen bei Aufgaben anwenden.
› weitgehend selbstständig Formeln und Funktionen eingeben und dabei Zellbezüge herstellen.
› den Druckbereich festlegen und eine Tabelle ausgerichtet und beschriftet ausdrucken.

1 Deine gesamte Familie möchte zum Camping fahren. Da du sehr zuverlässig bist, wirst du mit der Bestellung folgender Artikel beauftragt:
- Schlafsäcke: 5 Stück, max. 100,00 € je Artikel
- Isomatten: 5 Stück, max. 50,00 € je Artikel
- Solarlampen: 2 Stück, max. 40,00 € je Artikel
- Stirnlampen: 5 Stück, max. 20,00 € je Artikel
- Camping-Essgeschirr für 5 Personen, max. 80,00 €

a) Recherchiere im Internet einen Preis, der unter dem maximalen Preis je Artikel liegt.
b) Erstelle eine Bestellübersicht, in der du die Einzelpreise und den Gesamtpreis darstellst.
c) Du erhältst einen Erstkundenrabatt in Höhe von 9 % vom Gesamtpreis. Berechne die Höhe des Rabatts in Euro und ermittle den neuen Gesamtpreis nach Abzug des Rabatts.
d) Es fallen Versandkosten in Höhe von 28,45 € an. Ermittle den endgültigen Rechnungsbetrag.
e) Falls noch nicht geschehen:
   - Formatiere deine Ergebnisse entsprechend.
   - Gestalte deine Tabelle ansprechend und übersichtlich.
   - Lege den Druckbereich fest.
   - Füge eine Kopf- und eine Fußzeile ein.
f) Richte deine Tabelle aus und drucke sie aus.

2 Deine Eltern haben ein Grundstück gekauft, auf dem sie ein Haus bauen wollen. Das Grundstück weist eine Größe von 30 mal 45 Meter auf.
a) Berechne die Fläche des Grundstücks in Quadratmetern.
b) Auf dem Grundstück soll ein Haus mit einer Größe von 9 mal 11,50 Meter errichtet werden. Berechne die Grundfläche des Hauses.
c) Die Einfahrt, die Garage und der Hauseingang beanspruchen 150 m². Ermittle die Größe der Fläche, die für einen Garten übrig bleibt.
d) Lasse alle Ergebnisse mit zwei Nachkommastellen anzeigen.

praxis

In diesem Kapitel …

- lernt ihr die Bedeutung von Operatoren kennen.
- wendet ihr Arrays in der Programmierung an.
- erstellt und nutzt ihr Unterprogramme.
- beschäftigt ihr euch mit komplexer Programmplanung und deren Umsetzung.
- nutzt ihr die Schachtelung von mehreren Bausteinen.

3 Programmierung in Scratch

1. Situation: Wiederholung

- Grundlegende Begrifflichkeiten, Programmbausteine und Aufbau von Programmen in Scratch und als PAP

2. Situation: Operatoren

- Funktion kennenlernen
- Verschiedene Typen unterscheiden
- Fallspezifische Nutzung in Programmabläufen

3. Situation: Arrays

- Definition „Array“
- Funktionsweise in Programmabläufen
- Anwendung in Scratch

4. Situation: Unterprogramme

- Vorteile von Unterprogrammen
- Erstellen und Einbinden in Programmabläufe
- Anwendung in Scratch

5. Situation: Spieleprogrammierung

- Vorüberlegungen und Planung
- Anwendung der gesamten Fähigkeiten
- Individueller Ausbau und Anpassung

1. Situation: Wiederholung aus Informatik 7

1.1 Wichtige Fachbegriffe der Programmierung

In den vergangenen Schuljahren hast du bereits viele wichtige Fachbegriffe kennengelernt. In der folgenden Übersicht findest du die Begriffe, die du bereits kennst und beschreiben kannst.

Algorithmus: ein eindeutiger Ablauf zur Lösung eines „Problems". Der Algorithmus besteht aus einer definierten Abfolge von Befehlen. Das sogenannte „Problem" ist in der Informatik gleichbedeutend mit der Aufgabe deines Programms.

Anweisung: Damit beschreibst du den ausführbaren Befehl beispielsweise einer Figur.

Bedingung: ein Zustand, ein Wert oder eine Eingabe, die Einfluss auf den Programmablauf nehmen und ihn entsprechend ihrer eigenen Eigenschaften verändern können.

Sequenz: die einfachste und kleinste Form einer Programmstruktur. Sie umfasst die simple Abfolge mehrerer Befehle hintereinander und kann Teil eines komplexen Programms (Algorithmus) sein.

Grafische Programmiersprache: eine Programmiersprache, die mit grafischen/bildlichen Elementen arbeitet. Dazu gehört z.B. Scratch mit seinem baukastenartigen Aufbau der Programmierbausteine.

Semantik: Hinter diesem Begriff versteckt sich der vom Programmierer definierte Sinn und Zweck eines Programms. Wird das Programm nicht sauber ausgeführt oder macht es etwas anderes, als der Programmierer festgelegt hatte, spricht man von einem „semantischen Fehler".

Hauptprogramm: Hierunter versteht man den grundlegenden Programmierablauf eines gesamten Programms. Es sorgt für die Grundstruktur.

Unterprogramm: Unterprogramme können vom Hauptprogramm (auch wiederholt) aufgerufen werden. Sie können auch einzeln für sich stehen und durch Eingaben aufgerufen werden. Unterprogramme sorgen für mehr Übersicht und vereinfachen das Hauptprogramm.

Programmablaufplan (PAP): Der PAP ist die einfachste Möglichkeit, einen Programmablauf auf dem Papier zu planen. Damit lässt sich eine Struktur herstellen, die in eine Programmiersprache leichter zu übernehmen ist.

Programmschleife: Programmschleifen gibt es in vielen Varianten. Sie können durch eine Bedingung „entscheiden", welcher Programmpfad ausgeführt wird. Sie können auch einen Programmpfad unendlich oft oder nur für eine bestimmte Dauer/Anzahl von Wiederholungen ausführen.

Eingabe: Als Eingabe bezeichnet man in der Programmierung immer das Einwirken von „außen" auf einen Programmablauf. Dies kann beispielsweise durch eine Mausbewegung oder eine Tasteneingabe auf der Tastatur geschehen.

Ausgabe: Ausgaben sind die jeweiligen Aktionen, die durch die Befehle in einem Programm an ein ausführendes Element, beispielsweise unsere Figuren in Scratch, dargestellt werden.

Variable: Hierbei handelt es sich um einen nicht konstanten (dauerhaften) Wert, der sich durch den Programmierer oder durch das Programm selbst bzw. dessen Ablauf stetig verändern kann.

Objektorientierung: stellt eine bestimmte Sichtweise in der Programmierung dar. Darunter versteht man aufeinander bezogene und miteinander kooperierende oder kommunizierende Objekte. Diesen Objekten kann man bestimmte Eigenschaften (Attribute, Attributwerte) zuordnen. Die Objekte bieten verschiedene Veränderungsmöglichkeiten (Methoden).

Modellierung: In der Informatik beschreibt dieser Begriff die Planung eines Programms zur Lösung einer Aufgabe. Die Planung reicht von der Idee bis hin zum Konzept eines Programms. Dieses Konzept setzt du anschließend in der Programmierung um.

1.2 Wichtige Scratch-Programmbausteine im Überblick

Programmstart durch das „Fähnchen"	
Wenn [Fähnchen] angeklickt	Hiermit beginnt jedes Scratch-Programm. Das „Fähnchen" ist der Anfang eines jeden Programmablaufs. Alle weiteren Bausteine werden darunter angehängt.
Gehe zu/Position festlegen	
gehe zu x: 120 y: 0	Dieser Baustein legt die Position einer Figur fest. Du kannst sie zu Beginn und/oder mitten in deinem Programm verwenden.
Gehe x er Schritt	
gehe 10 er Schritt	Bewegt deine Figur in einem bestimmten Abstand nach vorne.
Drehe dich	
drehe dich ↻ um 15 Grad drehe dich ↺ um 15 Grad	Dreht deine Figur um eine bestimmte Gradzahl nach rechts oder nach links.
Wiederhole x mal/kopfgesteuerte Schleife mit Zähler	
wiederhole 10 mal	Der Programmteil innerhalb der Schleife wird so oft wiederholt, bis die eingegebene Anzahl erreicht ist. Dann geht das Programm unterhalb der Schleife weiter.
Wiederhole fortlaufend/Endlosschleife	
wiederhole fortlaufend	Der Programmteil innerhalb der Schleife wird unendlich oft wiederholt. Nach dieser Endlosschleife kannst du keine weiteren Programmierbausteine anhängen.
Sage x für x Sekunden	
sage Hallo! für 2 Sekunden	Du gibst deiner Figur für eine bestimmte Zeit eine Sprechblase. Darin erscheint der Text, den du eingibst.
Zeige dich/verstecke dich	
zeige dich verstecke dich	Du machst Figuren sichtbar oder unsichtbar.
Sende Nachricht x an alle/Sende Nachricht x an alle und warte	
sende Nachricht1 ▾ an alle	Dieser Baustein sendet eine Nachricht und startet somit den entsprechenden Startbaustein. Nach dem Senden der Nachricht wird der Programmablauf unterhalb ohne Unterbrechung fortgesetzt.
Wenn ich Nachricht x empfange	
Wenn ich Nachricht1 ▾ empfange	Ein Programmablauf wird durch den Aufruf in einem weiteren Programmablauf gestartet.
Wenn Taste x gedrückt wird	
Wenn Taste Leertaste ▾ gedrückt wird	Das darunterstehende Programm wird gestartet, wenn die entsprechende Taste gedrückt wird. Im Beispiel ist dies die Leertaste. Es kann auch jede andere beliebige Taste auf der Tastatur ausgewählt werden.

1.3 Ablaufpläne schreiben

Der **Programmablaufplan** – kurz PAP – ist das einfachste und schnellste Mittel, um einen Programmablauf und dessen „Wege“ zu **veranschaulichen und grafisch darzustellen**.

In den vergangenen zwei Schuljahren hast du den PAP bereits immer parallel als **Planungsmittel** benutzt. Hier kannst du dir noch einmal die wichtigsten Bausteine, die du bis jetzt kennst, und den grundlegenden Aufbau eines PAP ansehen:

Programmstart	
Start	Mit diesem Baustein beginnt jeder PAP. Er ist für den PAP das logische Gegenstück zum Startbaustein in Scratch.
Anweisung/Befehl	
Schritt vorwärts	Dieser Baustein entspricht den verschiedenen Befehlsbausteinen in Scratch. Er kann viele Funktionen übernehmen.
Bedingung/Entscheidung	
ja ← Laugenbreze vorhanden? → nein	Mit einer Bedingung – bzw. Entscheidung – kann der Programmablauf aktiv (durch Abfrage einer Eingabe) oder auch passiv (durch sich im Programmablauf ergebende Zustände) beeinflusst werden. Er wird als liegende flache Raute dargestellt.
Schlussbaustein	
Ende	Hiermit wird das Ende jedes Programmablaufplans gekennzeichnet.
Programmpfad-Pfeil	
↓	Dieser Pfeil führt von Baustein zu Baustein. Er gibt die Richtung der Befehlsabfolge vor.

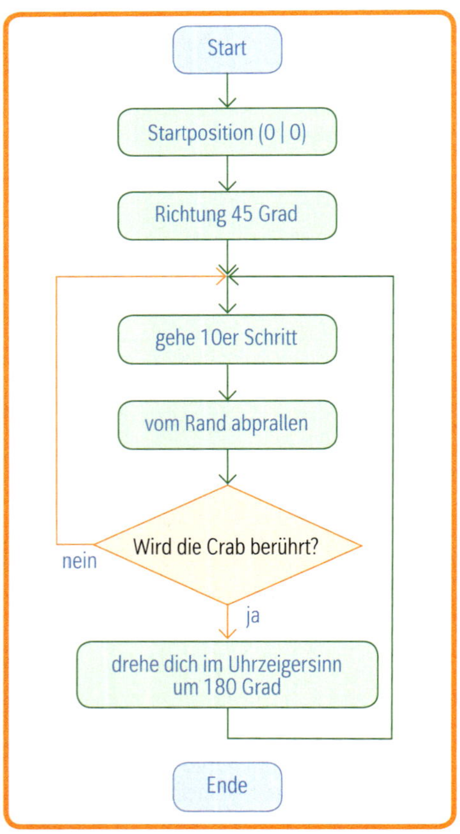

Links siehst du einen PAP mit einer Bedingung abgebildet. Hier kannst du nochmals den Aufbau eines solchen PAP nachvollziehen.

Zu **Beginn** des PAP steht der **Startbaustein**, der immer den Beginn eines jeden Programmablaufplans markiert.

Unter ihm folgt der schrittweise Aufbau des Programms, der aus den jeweiligen **Befehlsbausteinen** besteht. Die **Programmpfad-Pfeile** führen durch den Programmablauf und legen die Reihenfolge der Befehle fest.

Wird eine **Bedingung** im Programmablauf abgefragt, so gibt es stets mindestens **zwei Wege**, die aus dieser Bedingung führen. In der Regel sind es jedoch nur zwei: **Bedingung erfüllt – ja oder nein.** Entsprechend führen dann Programmpfad-Pfeile zu den jeweiligen Programmteilen.

Auto-Quartett

Macchini
Aventura L-725-E

Motor	Elektro
Akku	130 kWh
Leistung	800 kW
Farbe	rot
Höchstgeschwindigkeit	334 km/h
0–100 km/h in	2,1 s

Macchini Aventura: AUTO

Motor	= Elektro
Akku	= 130 kWh
Leistung	= 800 kW
Farbe	= rot
Höchstgeschwindigkeit	= 334 km/h
Beschleunigung	= 2,1 s

AUTO
Motor Akku Leistung Farbe Höchstgeschwindigkeit Beschleunigung
MotorSetzen( ) AkkuSetzen( ) LeistungSetzen( ) FarbeSetzen( ) HöchstgeschwindigkeitSetzen( ) BeschleunigungSetzen( )

1.4 Objektorientierung in Scratch

Die **Objektorientierung** stellt eine bestimmte Sichtweise in der Programmierung dar. Unter diesem Begriff versteht man miteinander kooperierende oder kommunizierende **Objekte**, denen man bestimmte **Eigenschaften (Attribute, Attributwerte)** zuordnen kann und die verschiedene **Veränderungsmöglichkeiten (Methoden)** bieten.

Die Objektorientierung ist die **Grundlage** für alle **„objektorientierten Programmiersprachen"**. Diese veranschaulichen komplexe und abstrakte Vorgänge mit einfachen **bildlichen Darstellungen**.

Objektkarten

Ein einfaches Beispiel zur Veranschaulichung der Objektorientierung ist eine Quartettkarte (Abb. links oben auf dieser Seite). Diese Karte beschreibt ein Objekt/einen Gegenstand.

In der Programmierung verwendet man eine etwas übersichtlichere, **strukturiertere Form der Darstellung**. Diese nennt man **Objektkarte** (Abb. links in der Mitte auf dieser Seite). Sie beinhaltet alle wesentlichen Informationen zur **Beschreibung eines Objekts**. In der Sprache der Programmierung sieht die Objektkarte wie rechts abgebildet aus.

Objektname : KLASSE

Attribut	= Attributwert
Attribut	= Attributwert
Attribut	= Attributwert

Klassenkarten

Mehrere ähnliche Objekte lassen sich in einer sogenannten **Klassenkarte** zusammenfassen. Auto-Quartettkarten beschreiben alle Autos auf dieselbe Weise. Sie fassen die Autos in einer **Gruppe (Klasse) zusammen**, da alle Fahrzeuge allgemein dieselben **Eigenschaften (Attribute)** besitzen und auch dieselben **Veränderungen (Methoden)** möglich sind. Sie unterscheiden sich lediglich in ihren Attributwerten.

KLASSE
Attribute
Methoden

1.5 Variablen

Variablen stellen einen der Hauptbestandteile in der Programmierung dar. Sie stehen für **veränderbare Werte in Programmabläufen**. Du findest sie beispielsweise als Attributwert bei der **Beschreibung von Objekten**, als Wiederholungszahlen bei Schleifen oder bei der Definition der Länge von Schrittbefehlen in Scratch.

Als Variablen kannst du also alle veränderbaren Werte bezeichnen, die in der Programmierung Anwendung finden. Dies kannst du bereits an ihrem Namen erkennen, der sich von **variabel** (= **veränderbar**) ableitet.

Variablen spielen auch in **Objektkarten** eine große Rolle. Sie beschreiben anhand der Attributwerte ein Objekt so exakt, dass du die Vorgaben direkt in Scratch umsetzen kannst:

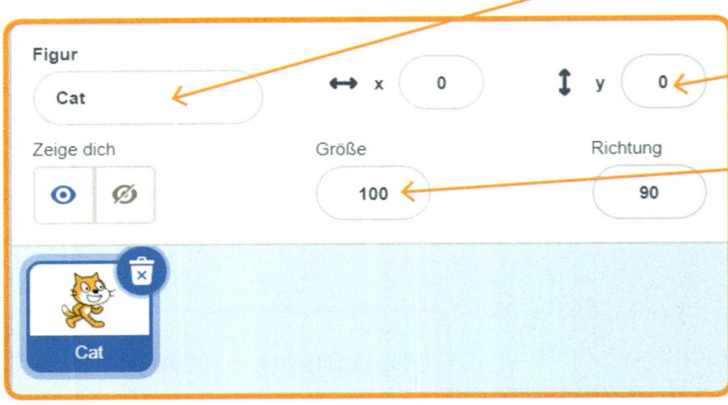

Cat: FIGUR	
x-Position	**= 0**
y-Position	**= 0**
Sichtbarkeit	**= ja**
Größe	**= 100**
Richtung	**= 90**
Kostüm	**= Kostüm1**
...	

Auch in **Programmbausteinen** findest du Variablen. Hier bezwecken sie die **Veränderung von Attributwerten** der Figuren sowie die **Steuerung** und **Bewegung/Aktion** der Figuren im Programmablauf.

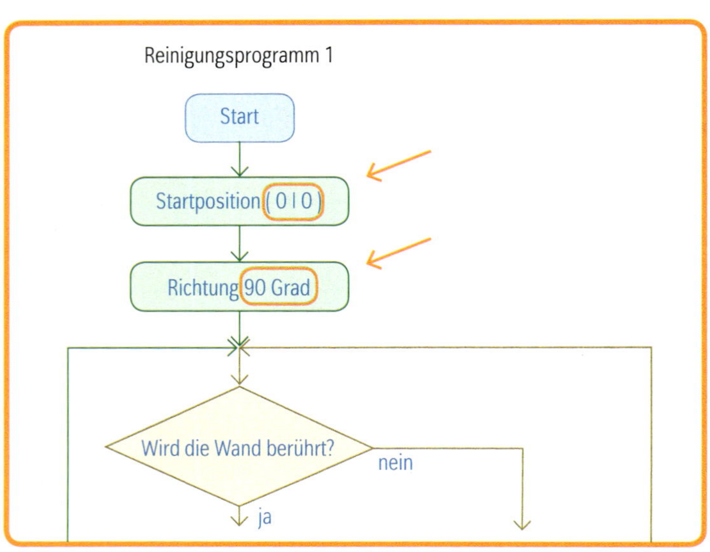

Variablen tauchen schon in deiner Planung und vor allem im **Programmablaufplan (PAP)** auf. Dort helfen sie dir bei der Vorplanung deines Programms.

1.6 Programmplanung

Um neue Programmideen in funktionierende Programme umzusetzen, solltest du deine Überlegungen Schritt für Schritt entwickeln und eine gewisse Reihenfolge in der Planung einhalten.

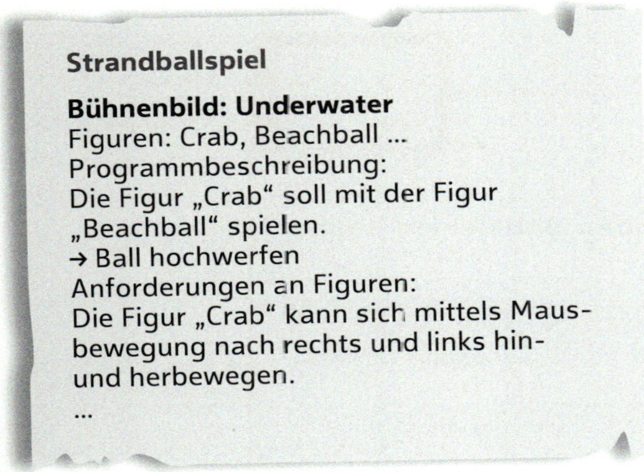

Strandballspiel

Bühnenbild: Underwater
Figuren: Crab, Beachball ...
Programmbeschreibung:
Die Figur „Crab" soll mit der Figur „Beachball" spielen.
→ Ball hochwerfen
Anforderungen an Figuren:
Die Figur „Crab" kann sich mittels Mausbewegung nach rechts und links hin- und herbewegen.
...

1. Am Anfang steht hier die Formulierung der **Programmidee**, wie du im links abgebildeten **Stichpunktzettel** siehst.
   Hierzu notierst du dir einige wichtige Punkte:
   - Name des Programms
   - benötigte Bühnenbilder
   - benötigte Figuren
   - benötigte Methoden
   - Was soll genau in dem Programm passieren?
   - Wie sollen die Figuren miteinander interagieren?

2. Anschließend machst du die Vorplanung. Du überlegst dir, welche dieser **Aktionen, Methoden usw. jeder einzelnen Figur zugeordnet** werden muss. Dies kannst du in Tabellenform oder ebenfalls stichpunktartig (siehe Abbildung rechts) aufschreiben.

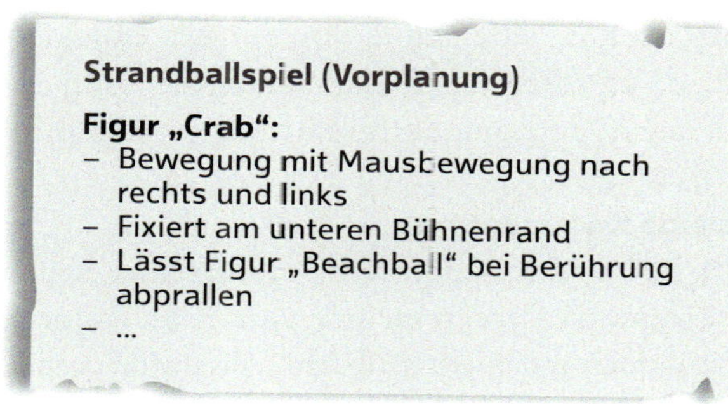

Strandballspiel (Vorplanung)

Figur „Crab":
– Bewegung mit Mausbewegung nach rechts und links
– Fixiert am unteren Bühnenrand
– Lässt Figur „Beachball" bei Berührung abprallen
– ...

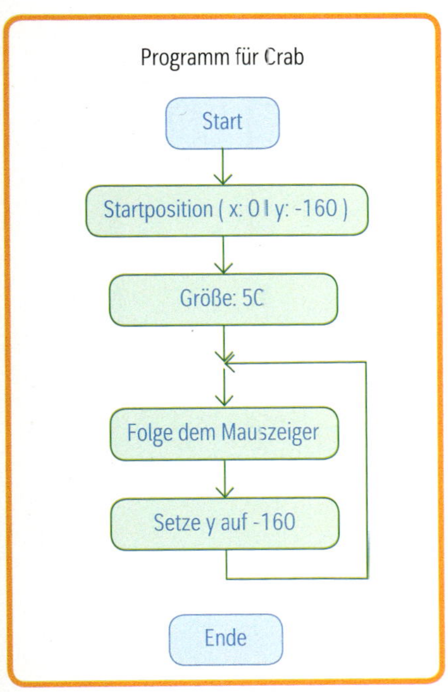

3. Nun machst du dir konkrete Gedanken über die jeweiligen Programmabläufe. Diesen Schritt setzt du mit einem **Programmablaufplan (PAP)** um, den du für jedes Objekt deines Programms erstellst. Der PAP bildet die Grundlage zur Umsetzung deines Programms in Scratch.

4. Um deinen Programmablauf in Scratch umzusetzen, fügst du nun alle deine benötigten Objekte (Bühnenbilder, Figuren ...) in ein neues Projekt ein. Dann erstellst du die Programmabläufe entsprechend deiner zuvor skizzierten PAPs. Anschließend führst du einen Testlauf durch, um dein Programm auf Funktion und Fehler zu prüfen.

   Fertig! So einfach funktioniert Modellierung.

1.7 Fehlersuche in Programmen

Wie du sicher schon weißt, kommt es beim Programmieren auf sehr genaues Arbeiten an. Selbst der kleinste **Fehler** kann sofort große Auswirkungen haben. Am besten ist es natürlich, Fehler von Anfang an zu vermeiden. Treten sie trotz sorgfältiger Arbeit auf, musst du sie **möglichst schnell und strukturiert** finden.

Tipps zur Fehlervermeidung beim Programmieren

- **Setze deine Sequenzen mit den zusammengehörenden Bausteinen sauber nebeneinander in den Skriptbereich.**
  Manchmal stehen in Scratch noch fehlerhafte Sequenzen im Skriptbereich an Stellen, an denen man sie in der aktuellen Ansicht nicht sieht. Diese „Schnipsel“ können dann ungewünschte Ereignisse hervorrufen.

- **Sortiere die Skripte nach ihrer Funktion.**
  Wenn du z. B. eine Steuerung für ein Objekt mit den Pfeiltasten programmiert hast, dann setze diese vier Sequenzen eng zusammen. So erkennst du gleich, dass diese Programmierteile etwas miteinander zu tun haben.

- **Schreibe Kommentare.**
  Läuft bei einem Programm irgendetwas schief, ahnt der Programmierer zwar oft, woran es liegen könnte. Es ist jedoch gar nicht so leicht, die dafür verantwortliche Sequenz zu finden. Bei der Suche helfen kleine Kommentare, die du bereits beim Erstellen der Sequenzen dazuschreiben kannst. Kommentare erstellst du mit einem Rechtsklick in den Skriptbereich.

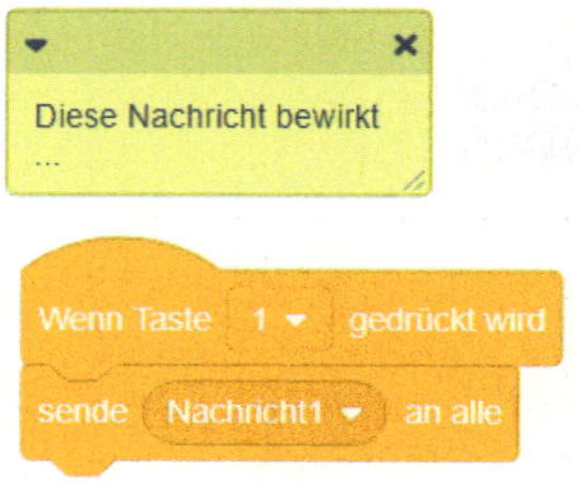

- **Vorsicht beim Kopieren von Sequenzen!**
  Kopieren spart oft Zeit. Jedoch kann es sein, dass Fehler eingebaut werden: falsche Variablen, Werte, Objekte usw.

Häufige Fehler, die immer wieder passieren, sind beispielsweise:

- falsche Reihenfolge der Programmbausteine
- fehlende zeitliche Abstimmung zwischen den Figuren (Warte-Befehle, Nachrichten)
- falsch deklarierte Startbausteine (Nachrichten)
- vergessene Bausteine
- Verwendung falscher Schleifen-Bausteine
- falsche Auswertung von Bedingungen

Tipp

Gehe strukturiert dein Programm in Einzelschritten durch und vergleiche es genau mit deinem Programmablaufplan.

1.8 Übungsaufgabe zur Auffrischung deines bisherigen Wissens

Zum Wiedereinstieg in das Programmieren programmieren wir nun ein „Spiel“.

Spielablauf

Die Figur „Baseball“ soll durch den Spieler bis zur Figur „Batter“ gesteuert werden. Dabei darf die Figur „Parrot“ nicht berührt werden, die ständig vom linken zum rechten Bühnenrand über das Spielfeld fliegt. Gelangt der Ball bis ins Ziel, so gibt es einen Punkt. Wird die Figur „Parrot“ getroffen, ist das Spiel beendet.

Figur „Batter“

Figur „Baseball“

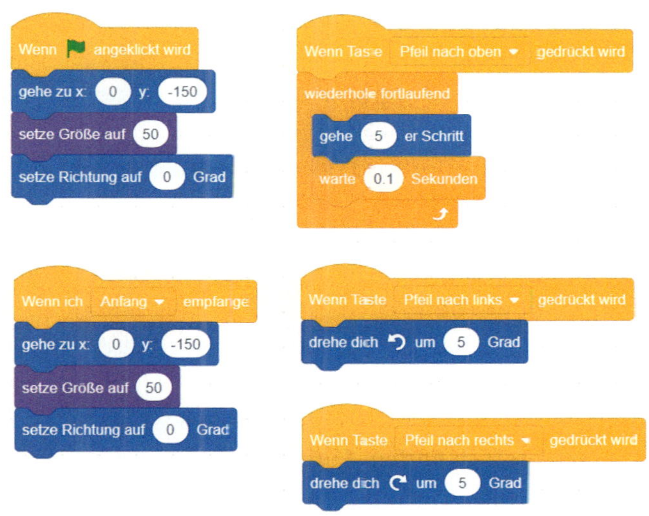

Figur „Parrot“

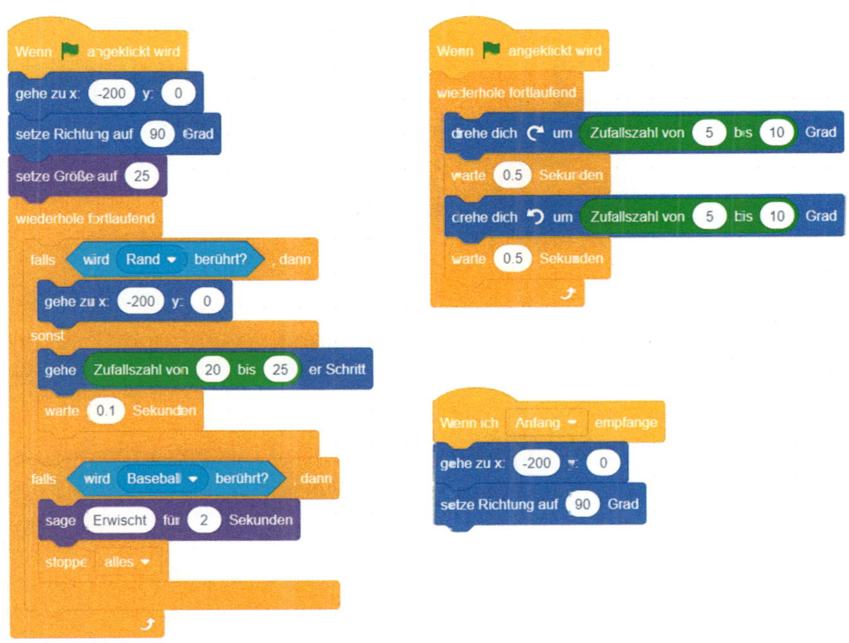

1 Öffne ein neues Projekt in Scratch. Füge die Bühne „Baseball 1“ und die drei genannten Figuren ein. Übernimm anschließend den Programmcode für jede einzelne Figur.

2 Analysiere den Programmcode zur Figur „Batter“ und erstelle den hierzu passenden PAP.

3 Analysiere den Programmcode der Figur „Parrot“ und erkläre, wozu der Programmablauf auf der rechten Seite dient. Erläutere auch, warum dieser Programmteil mit einem zweiten (Fähnchen-)Startbaustein zeitgleich zum linken Programmcode läuft.

Webcode

Dieses Beispiel findest du zusammen mit der Vorlage als Videotutorial unter: WES-116883-001.

4 Die Figur „Parrot“ hat mehrere Kostüme, die dazu dienen, die Figur „fliegen“ zu lassen. Hierzu sollten die beiden Kostüme abwechselnd mit einer kurzen Wartezeit fortlaufend gewechselt werden. Überlege dir, an welcher Stelle im Programmcode dieser Wechsel eingebaut werden könnte und ergänze ihn im Programmcode.

5 Um das Spiel komfortabler zu gestalten, soll noch ein Trefferzähler (Variable) eingefügt werden. Der Trefferzähler soll folgende Kriterien erfüllen:

- Der Zähler soll auf der Bühne oben links in der Ecke positioniert sein.
- Zu Beginn des Programms muss der Zähler auf „0“ gesetzt sein.
- Bei jedem Treffer wird der Zähler um den Wert „1“ erhöht.

6 Wenn die Figur „Baseball“ auf die Figur „Batter“ trifft, sollen folgende Abläufe ausgeführt werden:

a) Die Figur „Batter“ hat mehrere Kostüme. Wenn diese nacheinander ausgeführt werden, stellen sie den Abschlag eines Balls dar. Dieser Ablauf soll nun mit kurzer Wartezeit zwischen den Wechseln ausgeführt werden und dann mit dem Ausgangskostüm enden. Füge diesen Ablauf zur Figur „Batter“ hinzu.
Tipp: Die Nachricht „Anfang“ hilft dir bei der Umsetzung.

b) Die Figur „Batter“ stellt einen Abschlag dar. Das bedeutet, dass der Ball von ihr wegfliegen soll. Folgende Bausteine werden benötigt:

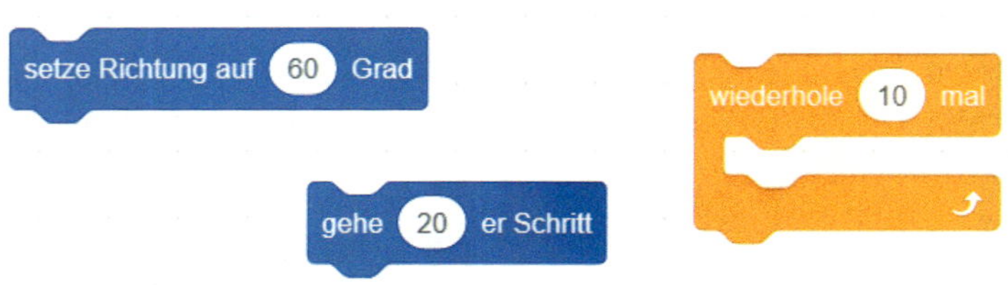

7 Die Objektorientierung spielt in der Programmierung eine große Rolle. Hierzu werden bei der Programmplanung und Dokumentation Klassen- und Objektkarten eingesetzt.

a) Erstelle für alle drei Figuren eine entsprechende Objektkarte. Die Attributwerte entsprechen dem Zeitpunkt des Programmstarts.

b) Objektkarten ähnlicher Objekte lassen sich in Klassenkarten zusammenfassen, die auch die passenden Programmbefehle (Methoden) beinhalten. Erstelle eine Klassenkarte für die im Programm verwendeten Figuren, in der auch diese Methoden aufgeführt werden.

2. Situation: Operatoren in Scratch

2.1 Was sind Operatoren?

Komplexere Programmieraufgaben lassen sich **manchmal nur mit Rechen- oder Logikoperationen** bewältigen. Dies ist beispielsweise der Fall, wenn ein Zähler um einen gewissen Wert erhöht werden soll oder wenn mehrere Bedingungen in einem bestimmten Verhältnis zueinander erfüllt sein sollen. Diese Voraussetzungen werden programmtechnisch mithilfe sogenannter **Operatoren** realisiert.

Webcode
Videotutorial:
WES-116883-002

Operatoren werden als **grüne Programmbausteine** dargestellt. Je nach Verwendungszweck sind diese entweder mit **abgerundeten oder spitzen** Enden dargestellt. Für jeden Typ ergibt sich eine andere Art von Ergebnis.

<table>
<tr><th>Variable Werte</th><th>Logische Werte (WAHR oder FALSCH)</th></tr>
<tr><td>Hier werden variable Werte, beispielsweise Zahlen oder Wörter, in den Baustein eingegeben. Dieser führt eine bestimmte Operation aus und gibt das Ergebnis wiederum als variablen Wert aus:

Ergebnis: 110 (Zahlenwert)
Dieser Typ dient vor allem der Berechnung und somit Veränderung der Werte von Variablen.</td><td>Diese Operatoren führen zu einer Antwort auf den Wahrheitswert einer Abfrage. Werden beispielsweise zwei Werte miteinander verglichen, so wird am Ende der Abfrage deren Wahrheitswert entweder mit „WAHR“ bestätigt oder mit „FALSCH“ verneint:

Ergebnis: WAHR (Bestätigung)
Mit diesem Typ werden häufig bestimmte Werte oder Zustände miteinander abgeglichen.</td></tr>
<tr><td colspan="2">Operator-Bausteine können nicht für sich allein in einen Programmablauf eingebaut werden, da sie ja keine klassischen Programmbefehle darstellen. Dies ist auch anhand ihrer Darstellung ersichtlich. Sie müssen somit in andere Bausteine eingebettet werden.</td></tr>
<tr><td>Beispiel

Zum Abfragewert einer Variablen „Zähler“ wird ein fester Wert „10“ addiert und als Schrittlänge in den „gehe x-er Schritt“-Baustein eingebettet.</td><td>Beispiel
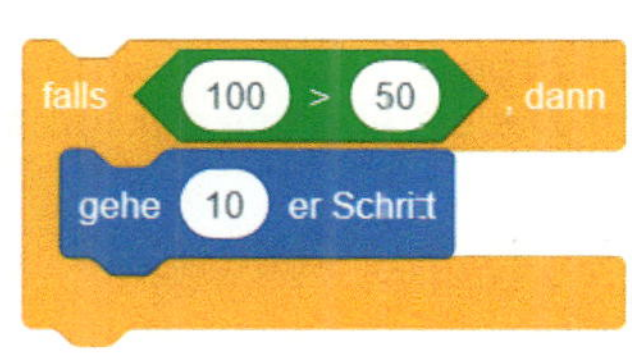

Hier wird abgefragt, ob die Zahl „100“ größer ist als die Zahl „50“. Da diese Prüfung mit Ja/Wahr beantwortet wird, kann der Ablauf innerhalb der Schleife weiter ausgeführt werden.</td></tr>
</table>

2.2 Bausteine der Operatoren

Grundrechenarten	
( ) + ( ) ( ) - ( ) ( ) * ( ) ( ) / ( )	Feste oder variable Werte können miteinander verrechnet werden. • Addition • Subtraktion • Multiplikation • Division
Zufallszahl generieren	
Zufallszahl von (1) bis (10)	Dieser Baustein generiert eine Zufallszahl aus dem angegebenen Zahlenbereich. Er ändert sich bei jeder Ausführung des Bausteins.
Werte vergleichen	
( ) > (50) ( ) < (50) ( ) = (50)	Diese Bausteine vergleichen Werte miteinander. Es gibt folgende Vergleichsmöglichkeiten: • größer • kleiner • gleich
Logische Operatoren	
< > und < > < > oder < > nicht < >	Hiermit können logische Operationen ausgeführt bzw. Entscheidungen getroffen werden. Als Ausgabe ergibt sich hier nur JA oder NEIN bzw. WAHR oder FALSCH. Beispiel: Bei der Operation „und“ werden zwei Zustände abgefragt, die beide WAHR sein müssen. Nur dann, wenn diese Bedingung erfüllt ist, wird das Ergebnis des Bausteins WAHR.
Verbinden von Werten/Inhalten	
verbinde (apple) und (banana)	Hiermit lassen sich verschiedene Werte/Informationen miteinander verbinden, z. B. Text oder Werte aus Variablen. Das Ergebnis des links abgebildeten Bausteins ist „applebanana“.
Einzelteile von Werten	
Zeichen (1) von (apple) Länge von (apple) (apple) enthält (a) ?	Diese Bausteine können einzelne Teile von Werten herauslesen und in den Programmablauf einfließen lassen. Die Ergebnisse der links abgebildeten Bausteine sind: • a • 5 • WAHR
Rest und Runden	
( ) mod ( ) ( ) gerundet	Manchmal ist die vollständige Teilbarkeit einer Zahl abzufragen. Dies funktioniert mit dem Baustein „mod“. Dieser gibt den Rest einer Division an. Falls man in seinem Programm mit ganzen Zahlen weiterarbeiten muss, benötigt man eine Rundung. Diese liefert der Baustein „gerundet“.
Weitere spezielle Rechenfunktionen	
Betrag ▾ von ( )	Dieser Baustein beinhaltet verschiedene mathematische Funktionen, die man anwählen kann.

2.3 Übungsaufgaben

1 Um ein Gefühl für die Funktion von Operatoren zu bekommen, führen wir nun zuerst einige manuelle, einfache Rechenoperationen durch.

a) Erstelle ein neues Scratch-Projekt und übernimm den oben abgebildeten Programmcode.

b) Probiere nun weitere Operatoren-Bausteine (Grundrechenarten) aus.

c) Es können auch Variablen in einem Operator zur Verrechnung verwendet werden. Wir ersetzen nun einen der beiden Zahlenwerte durch eine Variable. Füge eine Variable an der Position des ersten Zahlenwerts ein. Stelle anschließend die Darstellung der Variable auf der Bühne auf „Schieberegler" um. Teste dein Programm.

d) In der aktuellen Programmierung musst du zur Berechnung jedes Mal wieder das Fähnchen anklicken. Füge einen Baustein hinzu, der das Ergebnis automatisch und kontinuierlich bei jeder Bewegung des Schiebereglers anzeigen lässt.

e) Ersetze nun die zweite Zahl durch die Variable „Zahl2".Erweitere das Programm um einen weiteren Schieberegler für die zweite Variable „Zahl2".

f) Scratch soll nun zunächst „in Gedanken" über die Berechnung nachdenken. Dazu soll er in einer „Gedankenblase" die beiden Werte und die entsprechende Rechenoperation (Addition) nennen. Sieh dir dazu den rechts abgebildeten Notizzettel an. Plane kurze Pausen zwischen den Gedankenblasen ein. Andernfalls sind diese nicht lange genug sichtbar.

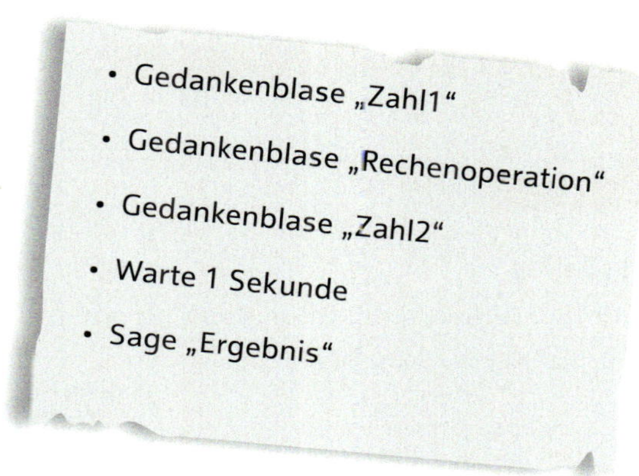

g) Mit Operatoren lassen sich nicht nur Zahlen verrechnen, sondern auch Texte und Zahlen mischen. Verwende den „Verbinde"-Baustein, um die drei Gedankenblasen aus Aufgabe f) in eine einzige zusammenzufassen.

h) Du hast nun das Programm komplett erstellt. Jetzt fehlt dir nur noch die passende Dokumentation. Fertige zu diesem Programm einen Programmablaufplan (PAP) an, der auch die Rechenoperation beinhaltet.

Webcode
Videotutorial und Vorlagenmaterial zur Aufgabe:
WES-116883-003

2 Bei einer Veranstaltung ist nur eine bestimmte Personenzahl erlaubt. Um die Anzahl an Gästen auf der Veranstaltungsfläche zu kontrollieren, wird ein Zähler benötigt. Die Figur „Cat“ soll den Zählerwert in einer Sprechblase permanent ausgeben („Aktueller Zählerwert: Zählerwert“). Beim Drücken der Tasten „Pfeil nach oben“ und „Pfeil nach unten“ wird der Zählerwert jeweils um den Wert „1“ erhöht bzw. um den Wert „1“ reduziert.

a) Beschreibe, welche Bausteine du für die Programmierung benötigst.

b) Erstelle einen PAP für den Haupt-Programmablauf und setze diesen anschließend in Scratch um.

c) Der Zähler kann auch negative Zahlenwerte anzeigen. In der Realität können sich jedoch nicht weniger als 0 Personen – also weniger als niemand – auf der Veranstaltungsfläche befinden. Beschreibe eine Möglichkeit, wie du verhindern kannst, dass der Zähler Werte unter 0 anzeigt.

d) Häufig kommen und gehen größere Personengruppen von drei bis fünf Personen. Diese sollen dann durch die Eingabe der entsprechenden Personenzahl über die Zifferntasten auf der Tastatur gezählt werden. Wenn eine Gruppe geht, muss zum Reduzieren der Personenzahl zusätzlich die Leertaste gedrückt werden. Verwende dazu die folgenden Bausteine. Du darfst sie auch mehrfach mit unterschiedlichen Werten nutzen.

e) Bei dem Versuch, die Bausteine aus Aufgabe d) zu schachteln, ist die folgende Sequenz entstanden. Sie funktioniert jedoch nicht wie vorgesehen. Erkläre, warum dies der Fall ist.

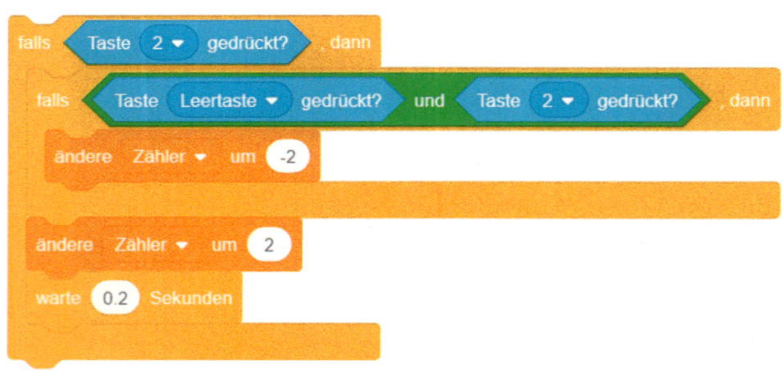

3 **Spiel Ballonjagd (Teil 1)**
In diesem Spiel geht es darum, einen Ballon so oft wie möglich zu erwischen (anzuklicken), um Trefferpunkte zu sammeln.

Figur „Cat“

Die Figur „Cat“ moderiert das Spiel. Zu Beginn begrüßt sie dich und fragt dich anschließend nach deinem Namen. Dann gibt sie das Kommando zum Spielstart an alle anderen Figuren und versteckt sich. Wenn das Spiel beendet ist, gratuliert sie dir und nennt deine Punktezahl.

Webcode
Videotutorial und Vorlagenmaterial zur Aufgabe: WES-116883-004

Figur „Balloon1“

Zu Beginn ist die Figur „Balloon1“ versteckt. Sie wird erst sichtbar, wenn die Spielzeit beginnt. Wenn die Spielzeit zu Ende ist, wird sie sich wieder verstecken. Solange die Zeit läuft, springt die Figur im Abstand von einer halben Sekunde zwischen Zufallspositionen hin und her.

Die Trefferpunkte sollen in einer Variablen gespeichert werden, die links oben auf der Bühne während der Spielzeit angezeigt wird. Wenn die Spielzeit von zehn Sekunden um ist, werden alle Skripte der Figur gestoppt und sie versteckt sich wieder.

a) Füge deinem Projekt zuerst die Figur „Balloon1“ hinzu und übernimm ihren Programmablauf.

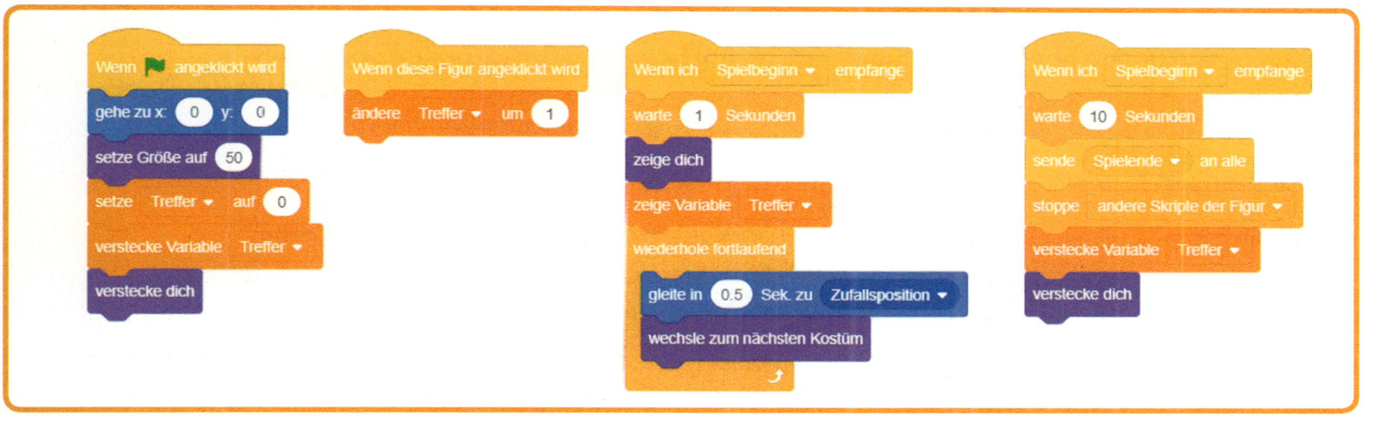

b) Sieh dir das Programm zur Figur „Balloon1“ an. Beschreibe, wozu der jeweilige Programmablauf dient.

c) Im Programm fehlt nun noch die Figur „Cat“. Erläutere, auf wie viele Programmabläufe die Handlungen der Figur aufgeteilt werden müssen und welchen Zweck diese jeweils erfüllen sollen. Der Programmcode der Figur „Balloon1“ (Nachrichten) hilft dir dabei.

d) Zum Schluss soll die Figur „Cat“ den erreichten Punktestand in einer Sprechblase ausgeben. Dafür benötigst du einige Operatoren, die du ineinander verschachtelst. Diese Schachtelung sieht wie folgt aus: Schreibe den Satz auf, der in der Sprechblase erscheint, wenn du fünf Treffer erreicht hast. Erkläre,

was du bei der Eingabe des Textes beachten musst. Teste den Programmabschnitt und beschreibe.

e) Erstelle für die Programmabläufe der Figur „Cat“ die entsprechenden Programmablaufpläne.

f) In den folgenden Programmablauf haben sich einige Fehler eingeschlichen. Übernimm den Ablauf in Scratch für die Figur „Cat“. Ermittle die Fehlerstellen und beschreibe genau, was dort nicht richtig funktioniert. Korrigiere den Programmablauf.

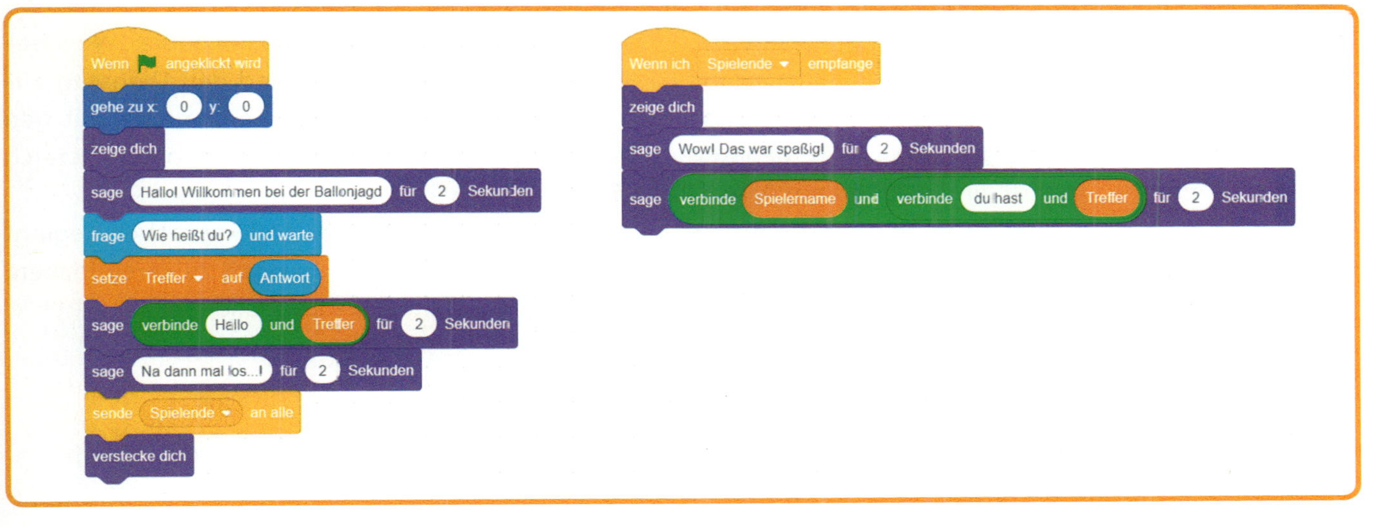

3. Situation: Arrays in der Programmierung

3.1 Was ist ein Array?

Variablen und deren Einsatz in der Programmierung hast du ja bereits kennengelernt. Eine Variable **ist ein einzelner Wert**, der jederzeit durch den Programmablauf selbst oder den Nutzer geändert werden kann.

Webcode
Videotutorial:
WES-116883-005

Bis jetzt konnte jede Variable nur einen Wert speichern. Wenn du jedoch in einer Variablen **beliebig viele Werte** speichern willst, erstellst du ein **Array**. Ein Array erleichtert das Programmieren sehr.

Montag
Dienstag
Mittwoch
Donnerstag
Freitag
Samstag
Sonntag

Was ist ein Array?
Das englische Wort „Array" bedeutet übersetzt etwa „Anordnung" oder „geordnete Gruppe". Ein Array ist einfach eine **geordnete Liste** von Daten, die irgendwie zusammengehören. Das können z. B. die Nachnamen aller Schülerinnen und Schüler in deiner Klasse sein oder, wie links abgebildet, die Wochentage.
Die geordnete Liste mit den sieben Wochentagen ist also ein Array. Diesem Array könntest du beispielsweise den Namen „Wochentage" geben.

> Das Array (die Liste) „Wochentage" enhält die sieben Wochentage.
> Die einzelnen Tage sind untereinander angeordnet.

Um mit einer Variable auf jeden Wochentag zuzugreifen, musstest du bislang sieben einzelne Variablen erstellen, also die Variable „Montag", die Variable „Dienstag" usw. In einem Array kannst du mit einer einzigen Variablen auf alle Einträge zugreifen, z. B. mit der Variablen „Wochentage" auf alle sieben Tage.

Wie bringst du die Einträge in einem Array in deine Variable?
Woher weiß nun deine Variable „Wochentage", welchen oder welche aus den sieben Tagen du auswählen willst? Ganz einfach: Alle Einträge in einem Array werden nummeriert, wie du in dem links unten abgebildeten Array „Wochentage" siehst. Damit ist jedem Eintrag im Array eine Zahl zugewiesen.
Wenn du nun beispielsweise den Montag aus dem Array auswählen willst, rufst du die Variable „Wochentage" zusammen mit der Zahl 1 auf. Wenn du den Montag und den Dienstag zugleich brauchst, verwendest du die Variable „Wochentage" zusammen mit den Zahlen 1 und 2. Wie genau du dies in Scratch machst, erfährst du später. Scratch wird dir die Arbeit mit Arrays erleichtern.
Eine Sache gibt es noch zu beachten: In den meisten Programmiersprachen beginnt die Nummerierung mit der Zahl 0. Um die Handhabung in **Scratch** zu vereinfachen, beginnt hier die Nummerierung mit der **Zahl 1** (siehe links abgebildetes Array).

1	**Montag**
2	**Dienstag**
3	**Mittwoch**
4	**Donnerstag**
5	**Freitag**
6	**Samstag**
7	**Sonntag**

> Die Nummerierung eines Arrays (hier des Arrays „Wochentage")
> beginnt in Scratch mit der Zahl 1.

Info

Merkmale eines Arrays

- Ein Array ist eine besondere Art der Variable, die mehrere zusammengehörige Werte beinhaltet.
- Die einzelnen Elemente eines Arrays werden nummeriert und sind dadurch adressierbar (= für das Programm eindeutig zu erkennen und auszulesen).

Um in Scratch ein Array/eine Liste zu erstellen, klickst du in der Bausteinkategorie „Variablen“ auf „Neue Liste“. Anschließend kannst du der Liste einen Namen geben. Die Liste wird auch auf der Bühne angezeigt (siehe Abbildung auf S. 60, oben links).

Neue Liste

3.2 Bausteine für Arrays in Scratch

Erstellen eines Arrays	
Neue Liste ☑ Array	Erstellen einer neuen Liste Die Anzeige der Liste auf der Bühne kann durch Deaktivieren des Häkchens vor dem Arraynamen ausgeblendet werden.
Hinzufügen von Listeneinträgen	
füge Ding zu Array ▾ hinzu	Dieser Baustein fügt Listeneinträge in ein Array an einer neuen (fortlaufenden) Stelle hinzu.
Löschen	
lösche 1 aus Array ▾ lösche alles aus Array ▾	Es gibt zwei Möglichkeiten: das Löschen eines Listeneintrags über dessen Platznummer oder das Löschen des ganzen Listeninhalts (Arrays).
Hinzufügen/Ersetzen von Listeneinträgen	
füge Ding bei 1 in Array ▾ ein ersetze Element 1 von Array ▾ durch Ding	Hinzufügen bzw. Ersetzen eines bestimmten Listeneintrags über dessen Platznummer
Auslesen/Verwenden von Listeneinträgen	
Element 1 von Array ▾ Nummer von Ding in Array ▾ Länge von Array ▾ Array ▾ enthält Ding ?	Diese Bausteine dienen zum Auslesen und der Verwendung der Listeninhalte im Programmablauf. Sie können jederzeit im Programmablauf aufgerufen und ausgelesen werden. Ein Listeninhalt kann beispielsweise als Bedingung für eine Schleife eingesetzt werden.
Zeigen/Verstecken der Liste auf der Bühne	
zeige Liste Array ▾ verstecke Liste Array ▾	Diese Bausteine bewirken das Ein- bzw. Ausblenden einer Liste auf der Bühne. Somit können Listen im Programmablauf auch verdeckt verwendet werden. Sie sind nur dann sichtbar, wenn eine Eingabe in die Liste vorgenommen oder ein Wert ausgelesen wird.

3.3 Übungsaufgaben

1 Unsere Figur „Cat“ soll den Programmnutzer nach seinem Lieblingsessen fragen. Dazu werden wir zunächst die Funktion „Array/Liste“ einmal testen.

a) Füge folgenden Programmcode in Scratch ein und teste ihn. Beschreibe anschließend, was dir auffällt.

b) Die Figur „Cat“ soll nun die Lieblingsessen nacheinander aufsagen. Nutze dazu den folgenden Programmbaustein und passe ihn so an, dass „Cat“ alle drei Listenpunkte nacheinander nennt.

c) Jetzt möchten wir erreichen, dass „Cat“ uns nach unserem Lieblingsessen fragt. Dazu verwendest du den Baustein „frage ? und warte“. Setze den folgenden Programmablauf in Scratch um.

d) Wir vereinfachen nun das Programm mittels Schleifen. Im folgenden Programmablauf hat sich jedoch ein Fehler eingeschlichen. Finde und korrigiere ihn.

e) Auch der Einsatz von Variablen ist in diesem Programm möglich. Nutze folgende Bausteine, um die Aufzählung der Figur zu vereinfachen.

Webcode
Videotutorial zur Aufgabe, Material und Lösungen: WES-116883-006

2 Kennst du das folgende Problem? Du hast mehrere Optionen, beispielsweise für ein Ausflugsziel am Wochenende, zwischen denen du dich nicht entscheiden kannst. Dafür werden wir nun eine Art Zufallsgenerator erstellen, der dir die Auswahl abnehmen kann.

a) Wie könnte ein solcher Zufallsgenerator für die Auswahl aus drei verschiedenen Zielen aussehen? Nenne die hauptsächlichen Bauteile, die du benötigst, und beschreibe deren Zweck.

b) Die Figur „Cat" soll den Zufallsgenerator über einen Dialog (Nachrichten und Fragen) moderieren. Formuliere einen passenden Text für die zu verwendenden Sprechblasen.

c) Bei der Eingabe der Ziele soll „Cat" jeweils nach „Ziel1", „Ziel2" usw. fragen und die Antworten in eine Liste eintragen. Nutze dazu folgende Bausteine und ergänze sie entsprechend.

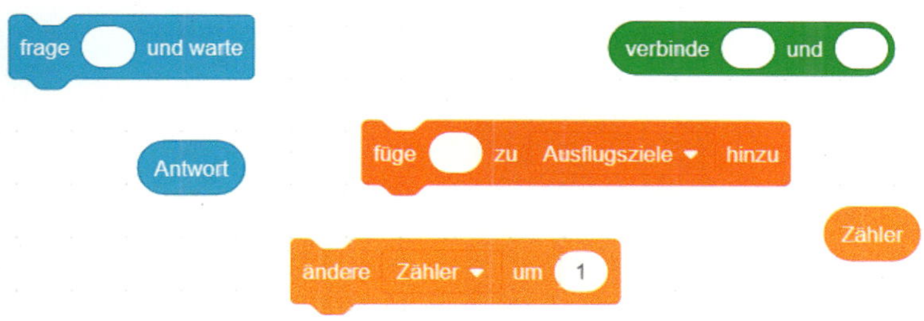

d) Erweitere den Zufallsgenerator um die Frage an den Benutzer, wie viele Ziele er eingeben möchte. Passe den Programmablauf entsprechend an und teste dein Programm.

3 In einem Projekt können Listen, genauso wie Variablen, mehrfach vorkommen. Im folgenden Projekt werden gerade und ungerade Zahlen unterschieden und in zwei unterschiedliche Listen eintragen.

a) Erstelle einen Programmablauf mit einer Figur deiner Wahl. Der Figur wird über einen Dialog und eine Frage eine Zahl eingegeben. Diese Zahl wird zunächst nur in der Variablen „Eingabezahl" gespeichert.

b) Im nächsten Schritt sollen die Zahlen von der Figur überprüft werden. Die Figur sagt anschließend in einer Sprechblase, ob die eingegebene Zahl gerade oder ungerade ist.

c) Nun sollen die geprüften Zahlen noch in zwei Listen eingetragen werden. Erstelle die beiden Listen und positioniere sie links und rechts von der Figur. Setze diesen Schritt auch in deinem Programmablauf um und prüfe, ob dieser funktioniert.

Tipp

Um zu prüfen, ob eine Zahl gerade oder ungerade ist, kannst du den mod-Baustein aus der Kategorie „Operatoren" verwenden. Ergibt sich bei der Prüfung ein Rest, so ist die Zahl ungerade.

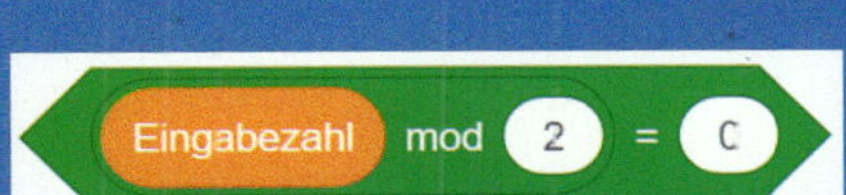

4 Spiel Ballonjagd (Teil 2)

Als Erweiterung zum Spiel in Aufgabe 3 aus Situation 2 (Seiten 58/59) soll das Spiel nun von mehreren Spielern hintereinander gespielt werden können. Die Ergebnisse jedes Spielers sollen in einem Array (Liste) gespeichert werden.

a) Füge dem Programm das Array „Spielerliste“ hinzu. Dieses Array soll bei der Eingabe des Spielernamens auf der Bühne angezeigt und danach wieder ausgeblendet werden. Der eingegebene Spielername wird direkt über die Antwortfunktion auch in diese Liste eingetragen.

b) Nachdem das Spiel einmal ganz durchgelaufen ist, soll der nächste Spieler seinen Namen eingeben und ebenfalls auf die Liste gesetzt werden. Anschließend startet das Spiel. Beschreibe, womit der Programmablauf ergänzt werden muss. Setze diese Änderung in deinem Projekt um.

c) Im folgenden Programmablauf wurde die Aufgabe b) umgesetzt. Allerdings gibt es beim Ablauf des gesamten Projekts einige Probleme. Finde die Problemstellen und beschreibe, was dort geändert werden muss, damit das Programm sauber ausgeführt wird.

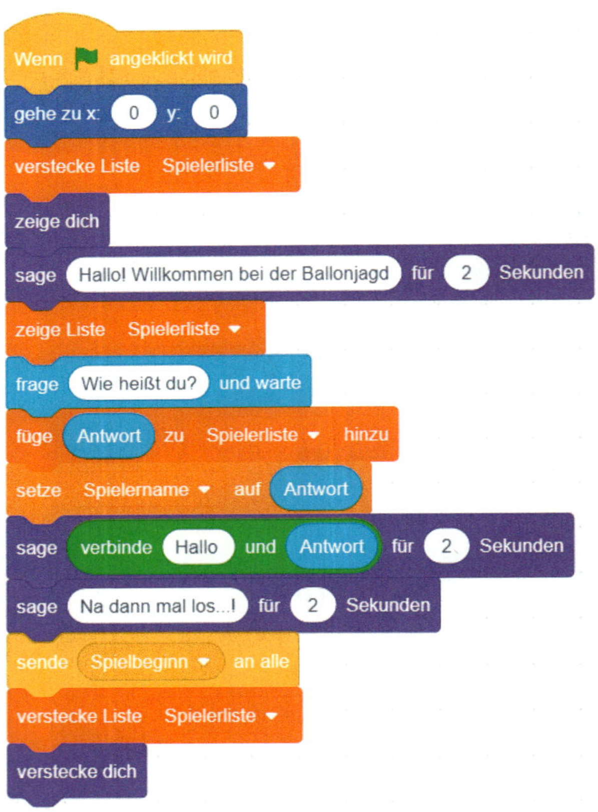

d) In den Programmablauf wurde versehentlich der folgende Baustein eingebaut, um den jeweils neuen Spieler in die Liste einzutragen. Beschreibe den Unterschied zur Verwendung des einfachen „füge hinzu“-Bausteins.

Webcode

Videotutorial und Vorlagenmaterial zur Aufgabe: WES-116883-007

4. Situation: Unterprogramme erstellen und nutzen

4.1 Was ist ein Unterprogramm?

Als Unterprogramme bezeichnet man Programmabläufe, die **aus einem Hauptprogramm ausgegliedert** werden und aus diesem heraus **beliebig oft und jederzeit aufgerufen werden** können. Hauptsächlich fasst man in Unterprogrammen Abläufe zusammen, die häufig benötigt werden. Unterprogramme dienen auch dazu, das Hauptprogramm übersichtlicher zu machen.
Schon in der fünften Klasse hast du dich mit Unterprogrammen beschäftigt und diese in Programmablaufplänen (PAPs) dargestellt. In Scratch hast du bislang lediglich Schleifen und Variablen zur Verkürzung und Vereinfachung deiner Programmabläufe genutzt. Das ändert sich jetzt.

Webcode
Videotutorial:
WES-116883-008

4.2 Erstellen von Unterprogrammen

Auch Scratch bietet die Möglichkeit, Unterprogramme zu erstellen, die du selbst definieren und verwenden kannst. Hierzu wechselst du in die Kategorie „Meine Blöcke“ und wählst „Neuer Block“ aus. Es erscheint folgendes Auswahlfenster:

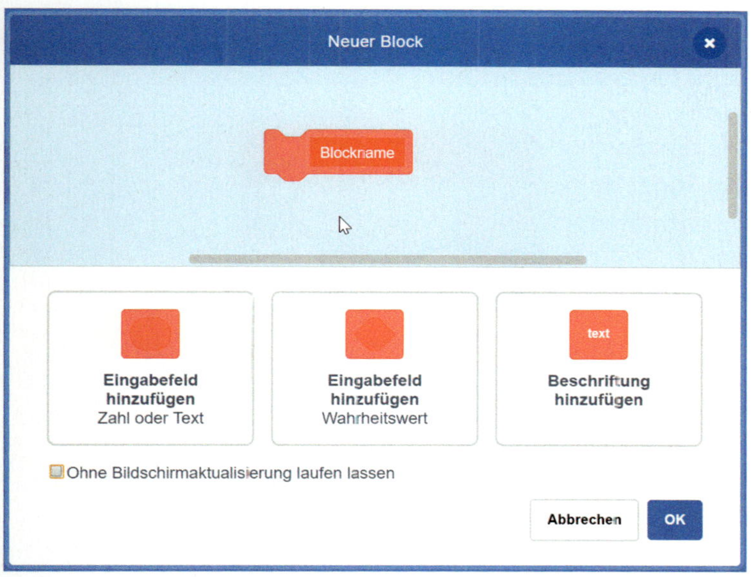

Jetzt kannst du deinem Unterprogramm einen Namen geben und mit „OK“ bestätigen.

Nun wird dir im Skriptbereich ein „Definiere“-Baustein angezeigt, den du als „Startbaustein“ für dein Unterprogramm verwendest. Alle Schritte deines Unterprogramms kannst du wie gewohnt unter diesen Baustein anhängen.

Info

Die Baustein-Gruppe „Meine Blöcke“ kannst du nicht nur für die Definition von Unterprogrammen nutzen. Sie bietet die Möglichkeit, völlig eigenständige und individuelle Bausteine zu erstellen. Darüber erfährst du später mehr.

Zum Aufrufen deines Unterprogramms findest du einen roten Programmbaustein mit dem entsprechenden Namen ebenfalls in der Kategorie „Meine Blöcke". Überall, wo du dein Unterprogramm im Programmablauf benötigst, kannst du diesen Baustein einfügen und das Unterprogramm ausführen lassen.

Beispiel
Ein kurzer Programmteil soll in ein Unterprogramm umgewandelt werden. Das Unterprogramm soll „laufe 50er Schritt" heißen. Es soll die beiden Programmbausteine innerhalb der Wiederhole-Schleife beinhalten, da diese beiden Schritte im weiteren Programmablauf immer wieder verwendet werden.

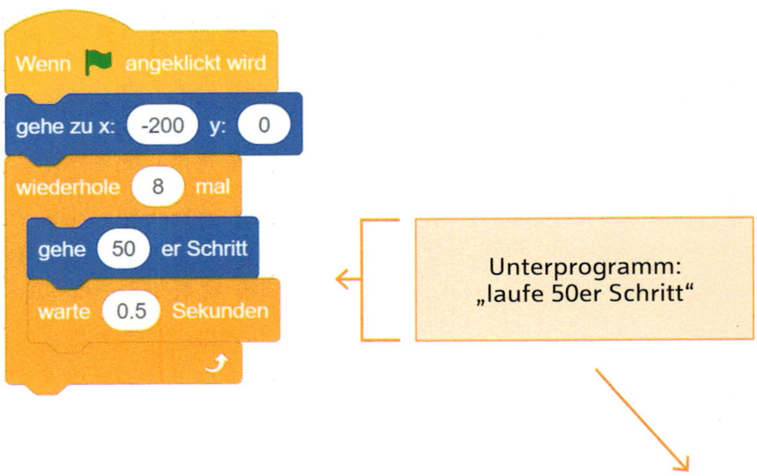

Zuerst erstellst du, wie bereits erklärt, einen neuen Programmbaustein mit dem gewünschten Namen. Nun fügst du die Programmbausteine, die im Unterprogramm enthalten sein sollen, unterhalb des „Definiere"-Bausteins ein.

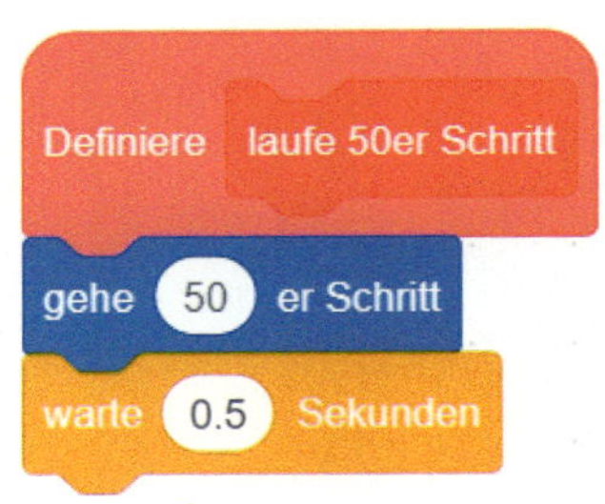

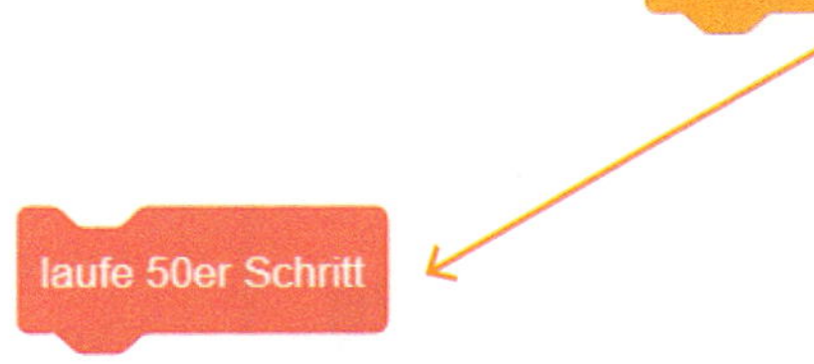

Jetzt kannst du den Baustein „laufe 50er Schritt" aus der Kategorie „Meine Blöcke" in das Hauptprogramm einfügen.

In diesem Beispiel fällt die Platzersparnis relativ gering aus. In größeren und aufwendigeren Programmabläufen fällt dies stärker ins Gewicht. Durch dein Unterprogramm wird dein Programmablauf zudem verständlicher, da der selbst benannte Unterprogramm-Baustein sozusagen im „Klartext" einen Aktionsablauf beschreibt.

4.3 Übungsaufgaben

Erinnere dich an das Laufen von Wegen in Scratch, das du in der fünften Klasse kennengelernt hast. Damals lief die Figur „Cat" auf einer Landkarte zwischen verschiedenen auf der Karte befindlichen POIs (Points of Interest; interessante Punkte auf einer Karte) hin und her. An diese Aufgabe anschließend hatten wir das Programm durch den gezielten Einsatz von Schleifen stark verkürzt, wie der rechts abgebildete Programmausschnitt zeigt.
Im Folgenden kannst du deine Programme durch Unterprogramme vereinfachen und kürzen.

Webcode
Videotutorial und Vorlagenmaterial zur Aufgabe: WES-116883-009

1 Spiel Ballonjagd (Teil 3)

Auch unser Spiel „Ballonjagd" (siehe Seiten 58/59 und 64) bietet Möglichkeiten für den Einsatz von Unterprogrammen. Sie werden dir dabei helfen, den umfangreichen Programmablauf zu vereinfachen, ihn übersichtlicher und verständlicher zu machen.

a) Ermittle die Stelle(n) im bisherigen Programmablauf, an denen es Sinn macht, ein Unterprogramm zu definieren und an der jeweiligen Programmstelle aufzurufen. Begründe deine Entscheidung(en).

b) Die Abfrage des Spielernamens ist am Programmbeginn und dann jedes Mal bei der Eingabe eines neuen Spielers identisch. Erstelle hierfür einen Programmablaufplan für ein Unterprogramm und einen für die Programmabläufe, aus denen es aufgerufen wird.

c) Setze nun deine Planung aus b) in Scratch um und fasse den entsprechenden Programmablauf in ein Unterprogramm zusammen. Definiere es und rufe es an den passenden Stellen im Programmablauf auf.

d) ☒ Setze das Vorgehen aus den Aufgaben b) und c) an einer weiteren Stelle im Projekt um, an der es für bessere Übersichtlichkeit sorgen kann.

Webcode
Videotutorial und Vorlagenmaterial zur Aufgabe: WES-116883-010

5. Situation: Spieleprogrammierung

Du hast in den vorherigen Situationen viele neue Möglichkeiten zum Aufbau von Programmabläufen in Scratch erlernt. Nun wollen wir dein gesammeltes Wissen und Können in einem einzigen Spiel vereinen.
Als Spielfigur verwendest du deinen persönlichen Avatar, den du in der siebten Klasse erstellt hast. In diesem Beispiel ist es unser Roboter.

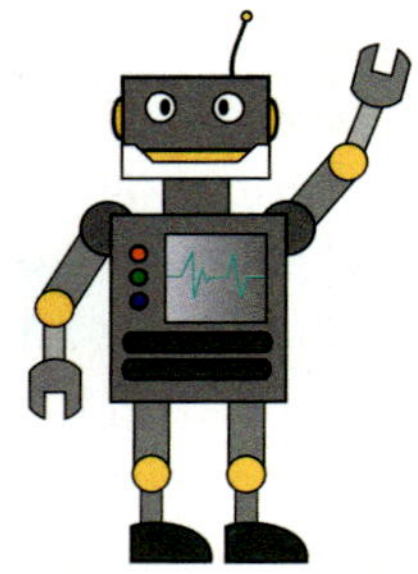

Webcode
Vorlagendateien: WES-116883-011

Spielablauf
Unsere Figur „Roboter" wird mit Batterien betrieben. Er braucht also immer wieder frische Batterien, um sich weiterhin bewegen zu können. Nach einer gewissen Zeit geht ihm der Strom aus und er muss mit frischer Energie versorgt werden.
Du bist jetzt sein Helfer und musst ihn zu den auf der Bühne erscheinenden Batterien lenken. Falls du es nicht schaffst, regelmäßig frische Batterien einzusammeln, sinkt der Ladestand des Roboters bis auf null ab. Der Roboter bleibt stehen und das Spiel ist beendet.

5.1 Spielfiguren

In den Spielen, die du in den vergangenen Jahren erstellt hast, gab es meist nur eine einzige Figur, die als Hauptfigur mit ihrem Programmablauf das Spielgeschehen bestimmte. In diesem Spiel verwenden wir nun erstmalig mehrere Figuren, die sich untereinander über Nachrichten beeinflussen können.

Hauptfigur „Roboter"
Diese Figur ist unsere Hauptfigur. Sie wird von dir als Spieler gesteuert und benötigt entsprechende „Fähigkeiten" für ihren Programmablauf.

Bewegung der Figur
Bisher haben wir solche Eingaben immer über bestimmte Startbausteine umgesetzt. Diese haben jedoch gelegentlich eine verzögerte Reaktionszeit. Um diese Verzögerung zu umgehen, kannst du die Eingabe auch über entsprechende Abfragen realisieren. Dazu benötigen wir nun die folgenden Bausteine:

Webcode
Videotutorial zur Bewegung der Figur „Roboter": WES-116883-012

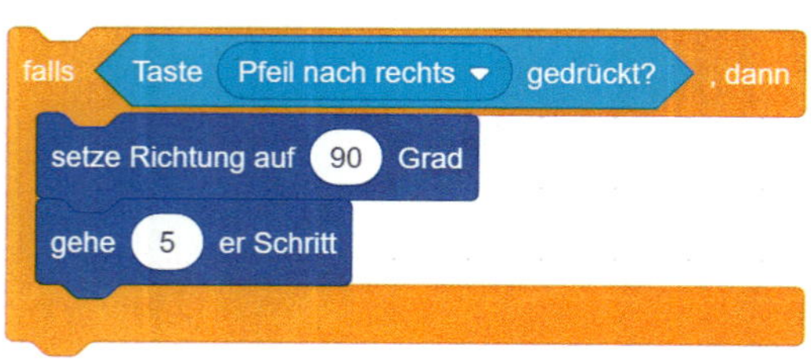

In der Abfrage wird die Betätigung der Pfeiltaste nach rechts überprüft. Sie setzt sich durch den Steuerungsbaustein „falls" und den Fühlen-Baustein für Tasteneingaben zusammen. Im Inneren des Bausteins werden dann alle Befehle eingefügt, die zur entsprechenden Eingabe zugehörig sind.

Dieser Aufbau kann nun in gleicher Weise für alle Bewegungen der Figur eingesetzt werden, die in einer „wiederhole fortlaufend"-Schleife unter einem passenden Startbaustein (Start durch Nachricht „Spielbeginn") platziert werden. Weiteres dazu erfährst du im folgenden Programmablauf.

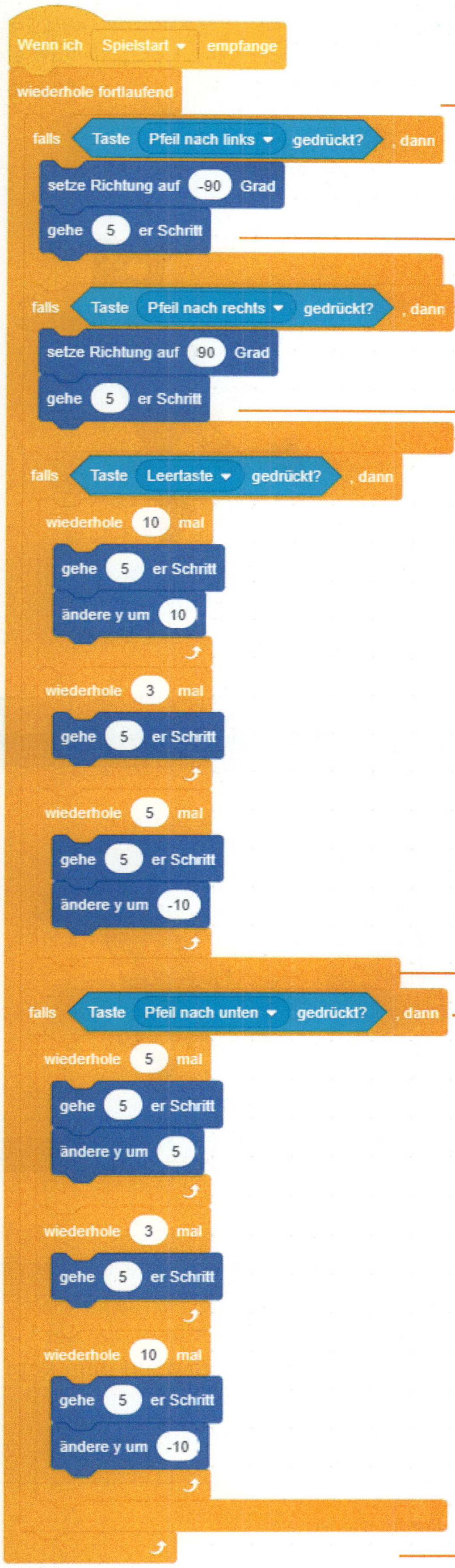

Programmablauf zur Bewegung des Roboters

Bewegung nach links
- Drehrichtung - 90 Grad
- in 5er-Schritten

Bewegung nach rechts
- Drehrichtung 90 Grad
- in 5er-Schritten

Springen nach oben
Der Roboter soll in einem Bogen nach oben springen und dann wieder ein wenig nach unten „fallen“.

Springen nach unten
Wie beim Springen nach oben wird auch hier eine bogenförmige Bewegung ausgeführt. Hier springt der Roboter ein wenig nach oben und „fällt“ dann nach unten.

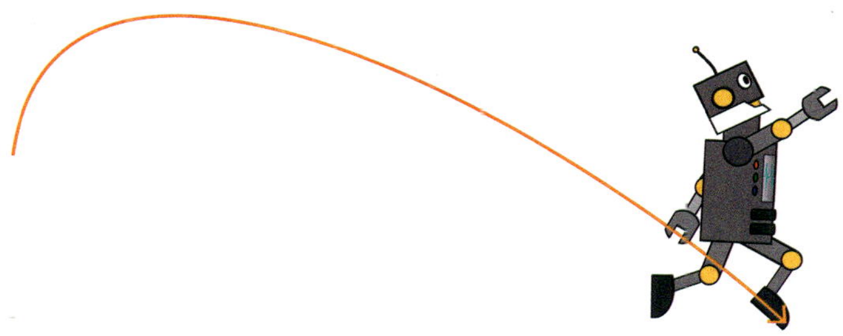

Kostüme der Figur

Im vergangenen Schuljahr hast du dem Roboter bereits das „Laufen“ beigebracht. Der Roboter ging damals einen Weg entlang. Wir erweitern diesen Bewegungsablauf jetzt. Hierzu werden die Kostüme um einige weitere ergänzt. Für die Erstellung dieser neuen Kostüme kannst du wieder, wie in der siebten Klasse, die Freeware „Inkscape“ verwenden.

Laufen_1 Laufen_2 Springen

Tipp

Wenn du deine eigene Figur verwendest, kannst du die im Beispiel verwendeten Kostüme dafür selbstverständlich als Vorbild nutzen. Bei der Bearbeitung deiner Kostüme in Inkscape solltest du darauf achten, dass insbesondere die Höhe deiner Figur nicht „größer“ oder „kleiner“ wird. Andernfalls wird deine Figur auf der Bühne bei jedem Kostümwechsel unterschiedlich groß dargestellt, was sehr holprig und unschön wirkt.

Um das zu verhindern, kannst du die Funktion „Hilfslinie“ in Inkscape nutzen. Du fügst einfach zwei oder auch vier solcher Hilfslinien hinzu. So hast du die Außenmaße deiner Figur bei der Bearbeitung jederzeit im Blick.

Die Kostüme kannst du auch über die Bearbeitungsfunktionen in Scratch selbst verändern. Dies funktioniert nur, wenn die Grafiken als Vektorgrafiken importiert wurden und so alle Einzelteile bearbeitbar sind.

Die Bewegung der Figur weist eine **Besonderheit** auf: Durch das Wechseln der „Richtung“ bei der Links-/Rechtsbewegung würde sich die Figur beim Richtungswechsel um 180 Grad drehen und auf dem Kopf stehen. Dies verhinderst du mit folgendem Programmbaustein:

Setze **Drehtyp** auf ...	
 	Wechsel des Drehtyps auf • **links-rechts** (Kippen/Spiegeln des Kostüms) • **nicht drehen** (keine Drehung möglich) • **rundherum** (Rotation um den Mittelpunkt)

Wenn du den Drehtyp in diesem Programmbaustein auf „links-rechts“ setzt, wird bei der Änderung der Richtung von 90 Grad auf -90 Grad nicht die Figur gedreht, sondern nur ihr Kostüm vertikal gespiegelt. Somit kann der Roboter in beide Richtungen laufen, ohne auf dem Kopf zu stehen. Der Wechsel dieses Drehtyps ist auch mehrfach im Programmablauf möglich.

-90 Grad   90 Grad

Wechsel der Kostüme bei Bewegungen

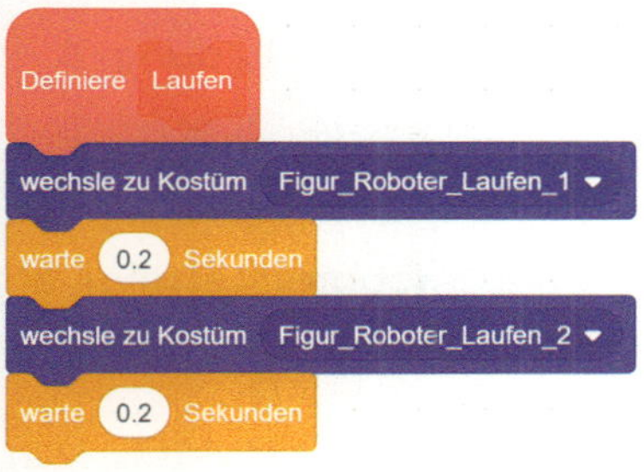

Unterprogramm „Laufen“
Wechsel zwischen den Kostümen
- „Figur_Roboter_Laufen_1“ und
- „Figur_Roboter_Laufen_2“
- im Abstand von 0.2 Sekunden Wartezeit.

Programmablauf Kostümwechsel

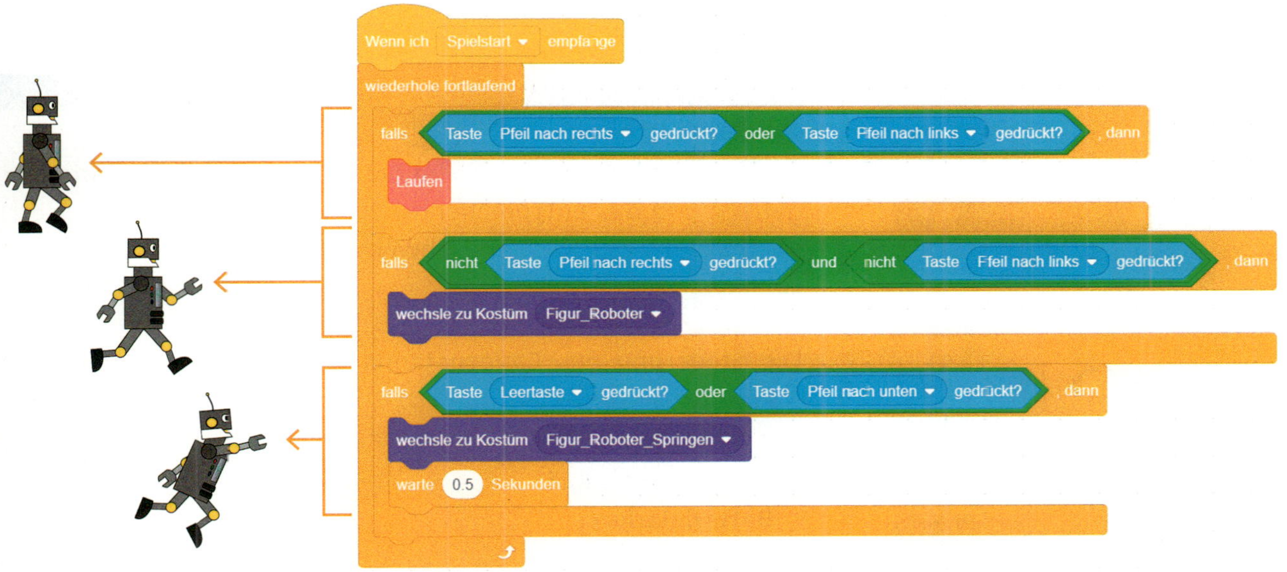

Der Kostümwechsel findet in unserem Spiel ebenfalls wieder über die Abfrage des Tastendrucks mittels „falls“-Bedingungen/Schleifen statt. Beachte, dass mehrere bzw. verschiedene Konstellationen entstehen können, die jeweils mit den verschiedenen Kostümen verknüpft sind. Dafür werden die logischen Funktionen aus der Kategorie „Operatoren“ eingesetzt.

Laufen: Zum Ausführen der „Laufen“-Befehle muss entweder die Pfeiltaste nach rechts **ODER** die Pfeiltaste nach links betätigt sein.
Stehen: Das Kostüm wird dargestellt, wenn NICHT die Pfeiltaste nach rechts **UND** NICHT die Pfeiltaste nach links betätigt sind.
Springen: Für diesen Befehlsteil muss entweder die Leertaste **ODER** die Pfeiltaste nach unten gedrückt werden.

Figur „Batterieladung“

Den „Ladezustand“ der Figur „Roboter“ stellen wir als eine weitere Figur dar (siehe Abbildung rechts). Diese Figur „Batterieladung“ erhält einige Kostüme, die im Lauf des Programms benötigt werden.

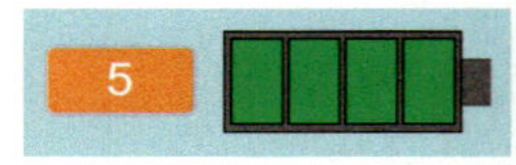

Kostüme „Batterieladung“

Batterieladung Ladung_0 Ladung_1 Ladung_2 Ladung_3 Ladung_4

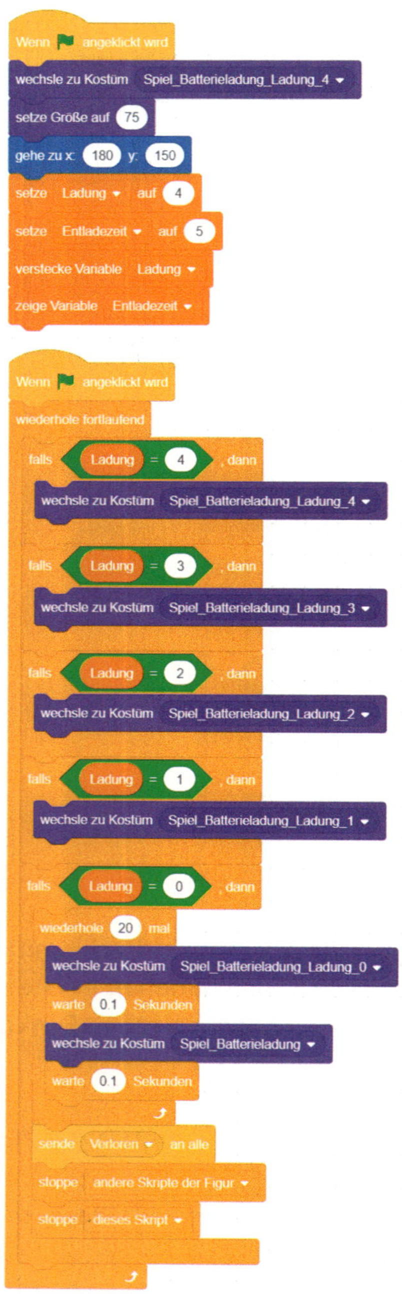

Die Anzeige des Ladezustands der Figur „Roboter“ erfolgt also durch die verschiedenen Kostüme der Figur „Batterieladung“.

Zu Beginn wird der Ladestand der Batterie auf den maximalen Wert „4“ in der zugehörigen **Variablen „Ladung“** gesetzt. Die **Variable „Entladezeit“** ist die Zeit, die vergeht, bis eine Stufe des Ladestands „verbraucht“ ist und abgezogen wird. Diese wird auf fünf Sekunden festgelegt und auf der Bühne in der rechten oberen Ecke angezeigt.

Webcode
Videotutorial zur Bewegung der Figur „Batterieladung“: WES-116883-013

Über „falls“-Bedingungen wird der gesetzte Wert der Variablen abgefragt und das entsprechende Kostüm gewählt. Ist der Wert „0“, so werden zwei Kostüme abwechselnd dargestellt, was wie ein „Blinken“ wirken soll.

Die Steuerung des Ladezustands findet in einem weiteren Programmteil statt:

Programmablauf Batterieladung (Regelung des Ladezustands)

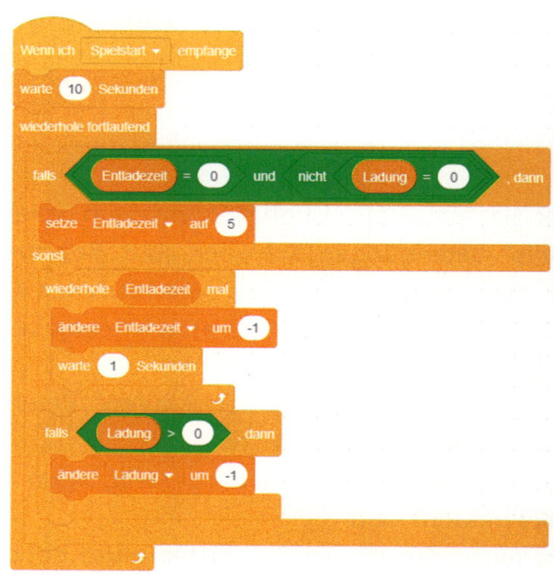

Figur „Batterie“

Diese Figur muss von der Figur „Roboter“ eingesammelt werden. Mit jeder berührten Batterie erhöht sich die Batterieladung und das Kostüm der Figur „Batterieladung“ ändert sich. Die Bewegung der Figur „Batterie“ über die Bühne findet rein zufällig statt.
Zur Animierung wird die Figur „Batterie“ mit folgenden Kostümen ausgestattet, die abwechselnd angezeigt werden:

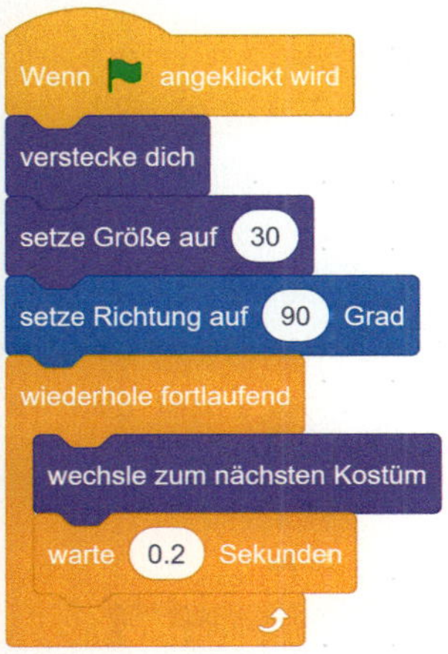

„Batterie“ Kostümwechsel

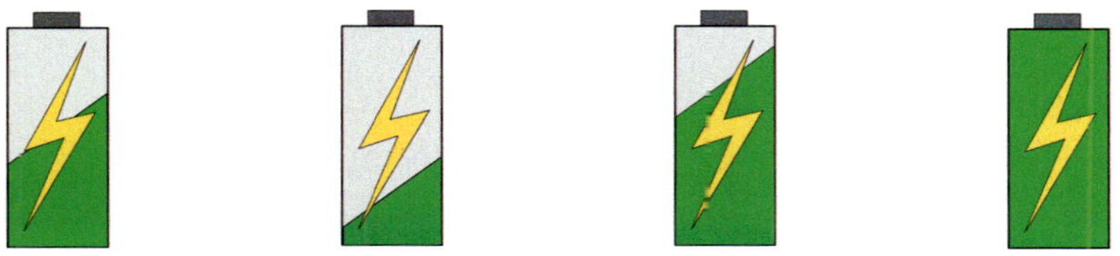

Batterie1 Batterie2 Batterie3 Batterie4

Durch den ständigen Wechsel der Kostüme sieht es so aus, als würde die Sammelbatterie sich schnell füllen.

„Batterie“ wackeln

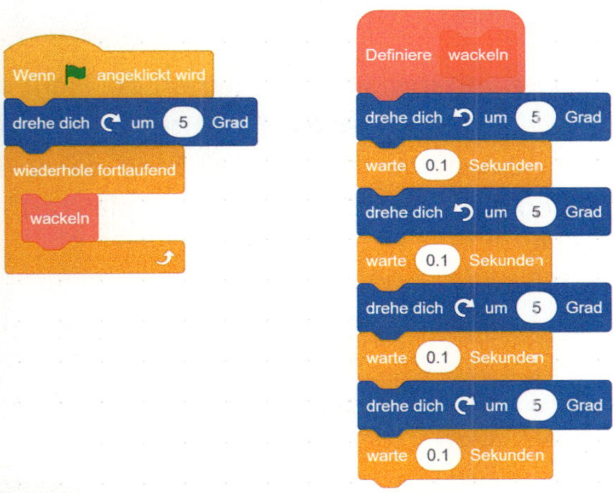

Eine zusätzliche Animation der Figur kann in einem weiteren Programmablauf ergänzt werden.

In diesem Spiel möchten wir nun, dass die Figur nicht nur ihre Kostüme wechselt, sondern auch „wackelt“. Diese Bewegung wird durch ein einfaches Aneinanderreihen von „drehe dich um x“-Bausteinen erreicht. Diese Programmierung erzeugt am Schluss des Spielablaufs eine quasi „wackelnde“ Figur.

Webcode
Videotutorial zur Bewegung der Figur „Batterie“:
WES-116883-014

„Batterie“ Spieleaktion

Die Batterie soll erst dann erscheinen, wenn das Spiel gestartet ist. Daher wird der entsprechende Programmteil erst durch die Nachricht „Spielstart“ aktiviert und die Figur beginnt sich auf der Bühne zu bewegen.

Erhält die Figur „Batterie“ von der Figur „Roboter“ die Nachricht „geladen“, so versteckt sie sich.

Die Nachricht „Verloren“ stoppt alle aktiven Programmabläufe (Skripte) der Figur „Batterie“ und macht sie wieder unsichtbar.

5.2 Beginn und Ende des Projekts

Am Anfang des Projekts werden alle Figuren so auf der Bühne platziert, wie es von ihren „Rollen“ vorgesehen ist, und die entsprechenden Werte gesetzt.

Figur „Batterie“
Die Figur „Batterie“ ist zu Beginn versteckt. Da sie sich ohnehin zufällig auf der Bühne bewegt, benötigt sie keine besondere Startposition.

Figur „Batterieladung“
Ihre Position soll die obere rechte Ecke der Bühne sein (x = 180 | y = 150). Die Ladung der Batterie und die Entladezeit werden jeweils auf ihre Maximalwerte gesetzt. So hat der Roboter die volle Leistung beim Programmstart. Die Variable „Entladezeit“ wird als große Zahlendarstellung links neben der Figur „Batterie“ platziert.

Figur „Roboter“
Die Figur „Roboter“ hat auf der Bühne eine genau definierte Startposition (x = -175 | y = -100). Die Größe des Roboters wird auf 50 gesetzt, um auf der Bühne mehr Platz für ihre Bewegungen zu schaffen. An dieser Stelle muss bereits der Drehtyp (siehe Seiten 70/71) festgelegt werden.

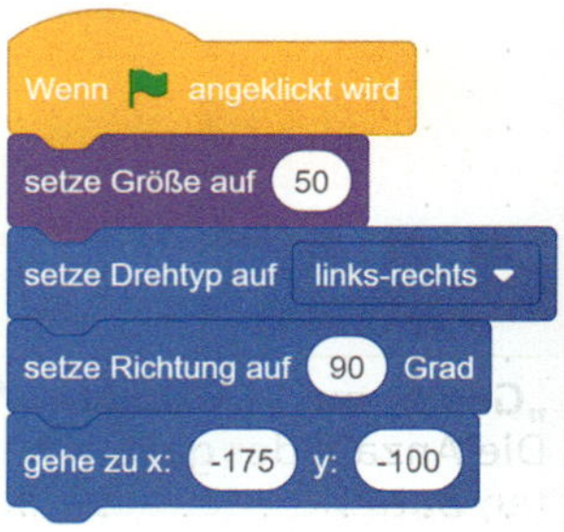

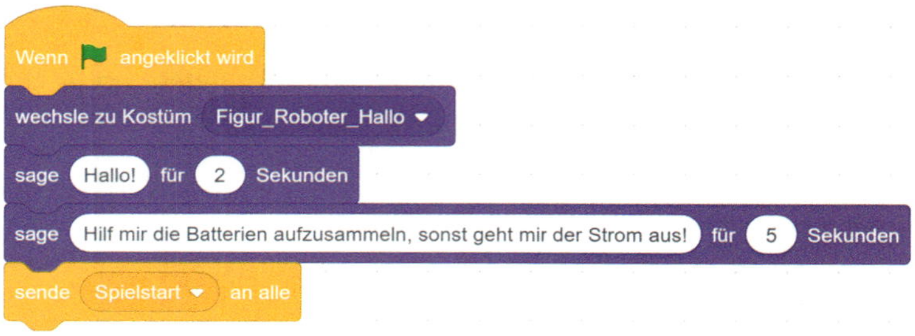

Zu Beginn des **Spiels** moderiert die Figur das Spiel an. Hierzu dienen mehrere Sprechblasen-Bausteine und anschließend zur Eröffnung des Spiels die Nachricht „Spielstart“ an alle.

Am **Ende des Spiels**, wenn die Batterieladung komplett aufgebraucht ist, reagiert die Figur „Roboter“ mit einem kurzen Dialog. Zuvor beendet die Figur „Roboter“ alle seine Aktionen.

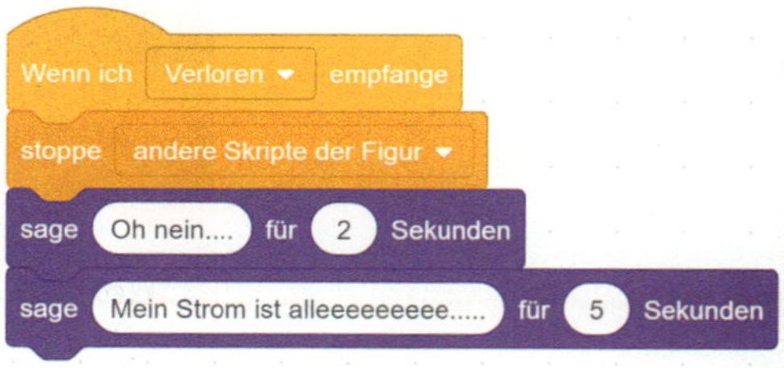

5.3 Die gesammelten Batterien zählen

Zur Regelung des Batterieladezustands (dargestellt durch die Figur „Batterieladung“) kommuniziert die Figur „Roboter“ jede **gesammelte Batterie** über eine **Nachricht**.

Jede Berührung einer Batterie erhöht die Ladung um den Wert „1“. Gleichzeitig steigt die Entladezeit an, das heißt, die Batterielaufzeit nimmt um den Wert „5“ zu.

Anschließend sendet „Roboter“ die Nachricht „geladen“ an alle.

5.4 Eine Spielerliste hinzufügen

Auch in dieses Spiel lässt sich ähnlich wie im Spiel „Ballonjagd“ (Seite 64) eine Spielerliste mit Punkten und eine persönliche Ansprache des aktuellen Spielers einbauen.
Dazu sind folgende neue Variablen und Unterprogramme nötig:

Variablen	Unterprogramme	Array
„Spieler“ Diese Variable speichert den Namen des aktuellen Spielers.  	**Abfrage Spielername** In diesem Unterprogramm wird die Abfrage des Spielernamens ausgegliedert. So kann sie von mehreren Stellen im Programmablauf aus einfach aufgerufen werden. 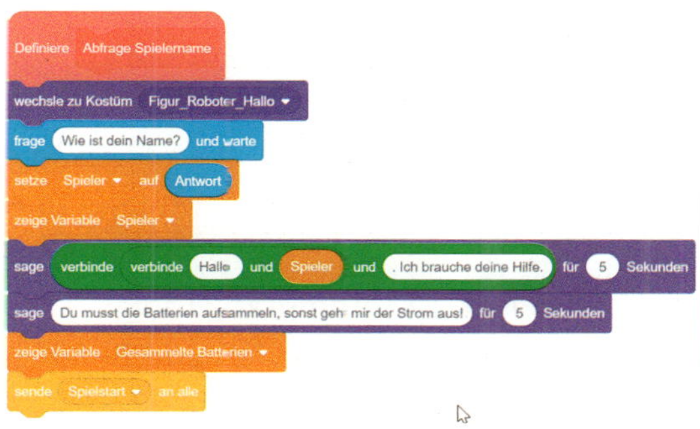 	**Spielerliste** In diesem Array werden nacheinander alle Spieler abgelegt, die das Spiel durchlaufen. 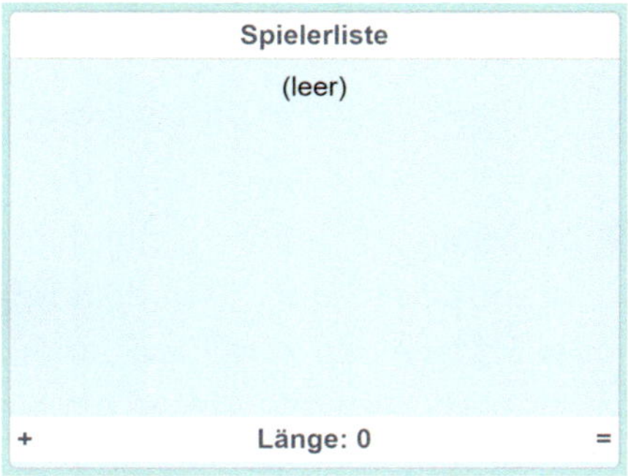
„Gesammelte Batterien“ Die Anzahl der gesammelten Batterien des aktuellen Spielers werden in dieser Variablen abgelegt.  	**Batterieanzeige** Der Programmablauf zur Steuerung der Kostüme des Batterieladezustands wird in dieses Unterprogramm ausgelagert.  	
	Batterieladung auf Anfang Die Rücksetzung der Variablen für den Batterieladezustand wird ebenfalls in ein Unterprogramm ausgelagert.	

Zu Beginn des Programmablaufs wird der Inhalt des Arrays „Spielerliste“ und die **Variablen „Spieler“ und „Gesammelte Batterien“** geleert bzw. auf den Wert „0“ gesetzt und versteckt.
Bei der **Abfrage** des Spielernamens wird die **Antwort direkt in die Variable „Spieler“** übernommen, die dann im darauffolgenden **Dialog** zur **direkten Ansprache** verwendet wird. Ab hier wird der Spielername oben links **auf der Bühne angezeigt**. Direkt darunter wird ab dem Programmstart auch die **Anzahl der gesammelten Batterien** angezeigt.
Nach dem **Ende des Programms** sollen beide **Variablenwerte ausgeblendet** werden. Nachdem die Figur „Roboter“ ihre Schlussnachricht gesendet hat, wird das **Array auf der rechten Seite der Bühne** angezeigt. Die Position und Größe legst du hier selbst fest.
Mithilfe dieser Informationen und deinen in der 3. Situation (Seiten 60– 64) erworbenen Kenntnissen kannst du jetzt die Spielerliste integrieren.

Webcode
Videotutorial und Lösungshilfe zur Umsetzung der Spielerliste:
WES-116883-015

5.5 Übungsaufgaben: Das Spiel erweitern und verbessern

1 Die Bedienung (Bewegung) der Figur „Roboter“ ist etwas umständlich umgesetzt. Es besteht Verbesserungsbedarf.
a) Beschreibe eine Möglichkeit zur Verbesserung.
b) Verändere den Programmablauf gemäß deinem Verbesserungsvorschlag und teste das Programm.

Webcode
Vorlagen und Zusatzmaterial zur Umsetzung der Erweiterungs- und Verbesserungsaufgaben: WES-116883-016

2 Am Ende des Programms bleibt der Roboter einfach stehen, wenn seine Batterien leer sind.
a) Entwickle mögliche Alternativen, wie dieser Programmschluss etwas aktiver aussehen könnte. Eine weitere Animation oder zusätzliche Kostüme können dir dabei helfen.
b) Modelliere den hierzu passenden Programmablauf und setze ihn in deinem Projekt um.

3 Auf Seite 72, unten rechts, findest du den Programmcode zur Regelung des Ladezustands der Figur „Batterieladung“.
a) Erstelle den zum Programmcode zugehörigen Programmablaufplan.
b) Analysiere den Ablauf der einzelnen Bedingungen, Schleifen und Befehle. Beschreibe, wie die Reduktion des Ladezustands um einen Balken funktioniert.
c) Erkläre, wie der „Countdown“ bis zum Verlust des nächsten Ladebalkens umgesetzt ist.

4 Der Schwierigkeitsgrad des Spiels wird durch mehrere Faktoren bestimmt.
a) Nenne diese Faktoren und erläutere, auf welche Weise sie die Schwierigkeit im Spielablauf beeinflussen.
b) Verändere den Schwierigkeitsgrad durch Veränderung dieser Faktoren.

5 Das Projekt lässt sich in vielerlei Hinsicht erweitern.
a) Beschreibe eine Möglichkeit, wie du über das Bühnenbild die Programmfunktionen erweitern kannst.
b) Analysiere, welche Programmteile ergänzt werden müssen, und ermittle die Position, an der sie im jeweiligen Programmcode eingesetzt werden.

6 Dem Projekt soll ein „Gegner“ namens „Kurzschluss“ hinzugefügt werden.
a) Importiere die Vorlagendateien (Kostüme) der Figur „Kurzschluss“ in dein Projekt. Die Figur „Kurzschluss“ soll an zufälligen Positionen auf der Bühne erscheinen. Setze diese Vorgabe im Projekt um.

Webcode
Vorlagendateien der Figur „Kurzschluss“: WES-116883-017

Kurzschluss: Kostüm1

b) Solange die Figur auf der Bühne sichtbar ist, soll sie schnell zwischen ihren beiden Kostümen hin- und herwechseln, um eine Art Blinken oder Blitzen darzustellen. Setze dies im Projekt um.
c) Teste zusammen mit einer Partnerin/einem Partner deinen Programmcode und korrigiert mögliche Fehler selbstständig.

Am Ende dieses Kapitels kannst du ...

- › die Inhalte aus der siebten Jahrgangsstufe vertieft anwenden.
- › die Grundbegriffe der Programmierung nennen.
- › die Begriffe der Objektorientierung auf Figuren in Scratch anwenden.
- › Klassen und Objektkarten lesen, verstehen und erstellen.
- › Operatoren in Programmabläufen zielgerichtet einsetzen.
- › Variablen in Programmabläufe integrieren.
- › Arrays als Sonderform von Variablen anwenden.
- › Programmteile in Unterprogramme auslagern.
- › Unterprogramme sinnvoll einsetzen.
- › Fehler in Programmabläufen finden und beseitigen.

1 Begriffe und Sachverhalte zu Operatoren in Scratch:

a) In Programmabläufen werden häufig Rechenoperationen eingesetzt. Nenne die Bausteinkategorie, in der du die passenden Bausteine findest.

b) Diese Kategorie wird nochmals in zwei Typen unterteilt. Nenne diese beiden Typen.

c) Beschreibe, für welche Operationen diese beiden Typen jeweils genutzt werden können.

d) Die folgenden Bausteine sind ineinander verschachtelt. Beschreibe, was in dieser Konstellation abgefragt wird.

e) Beschreibe die Funktion, die der „nicht"-Baustein erfüllt.

f) Die folgende Operation wurde in einen Programmablauf integriert. Erläutere, wann der Inhalt der Schleife ausgeführt werden kann.

2 Anwendung von Operatoren in Scratch:

a) Im Programmablauf soll ein eingegebener Wert mit dem Wert einer Variablen abgeglichen werden. Falls der Wert kleiner als die Variable ist, soll ein Programmteil ausgeführt werden. Verwende folgende Bausteine für die Umsetzung.

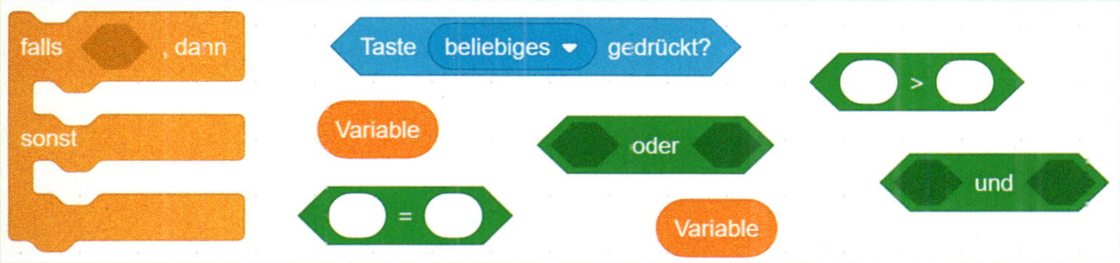

b) Der Programmablauf aus a) soll nun erweitert werden. Falls die entsprechende Bedingung nicht erfüllt ist, soll ein anderer Programmteil ausgeführt werden. Beschreibe, welche Änderung du vornehmen musst und begründe deine Vorgehensweise.

c) Nun soll aus folgenden Bausteinen ein Programmablauf erstellt werden. Zur Erfüllung der Bedingung soll eine beliebige Taste gedrückt und gleichzeitig die Variable kleiner oder gleich dem Wert „10“ sein. Setze die Bausteine korrekt zusammen.

3 Begriffe der Objektorientierung:

a) Erkläre, was man unter einer „Klasse“ und einer „Klassenkarte“ versteht.

b) Nenne die Inhalte, die du einer Objektkarte entnehmen kannst.

c) „Methoden beschreiben Programmbefehle/-anweisungen.“ Erläutere diese Aussage.

4 In dem in Situation 5 (Seiten 68–76) vorgestellten Spiel findest du die Figur „Roboter“.

a) Erstelle für diese Figur eine Objektkarte für den Zustand zu Beginn des Spiels.

b) In diesem Projekt befinden sich noch zwei weitere Figuren. Erstelle hierfür ebenfalls jeweils eine Objektkarte.

c) Alle diese Objekte lassen sich zusammenfassen. Erstelle die entsprechende grafische Dokumentation hierzu.

5 Variablen finden in komplexeren Programmabläufen häufig Anwendung.

a) Beschreibe, wozu Variablen in Programmen dienen.

b) Variablen bieten vielseitige Möglichkeiten. Zähle einige davon auf.

c) Können Variablen während eines Programmablaufs verändert werden? Begründe deine Antwort auf diese Frage.

6 Erkläre folgende Begriffe/Sachverhalte zu Arrays.

a) Nenne einen weiteren Fachbegriff, mit dem du Arrays bezeichnen kannst.

b) „Arrays sind eine Sonderform von Variablen.“ Erkläre diese Aussage.

c) Beschreibe ein Anwendungsbeispiel, in dem du ein Array einsetzen kannst.

d) Für das Hinzufügen von Listenpunkten hast du die Auswahl zwischen verschiedenen Bausteinen. Beschreibe den Unterschied zwischen den beiden unten abgebildeten Bausteinen.

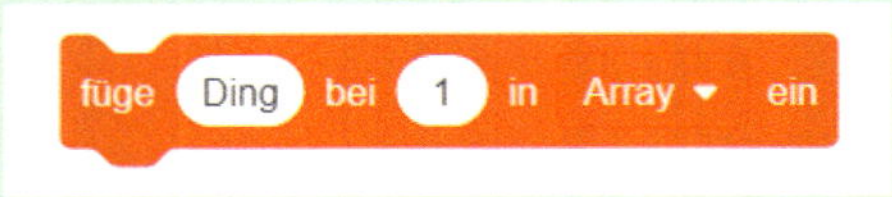

Sachwortverzeichnis

Bildquellenverzeichnis

|Domke, Franz-Josef, Wunstorf: 8.1, 9.4. |fotolia.com, New York: beermedia 40.2; bluedesign 39.1; M. Johannsen 13.1. |iStockphoto.com, Calgary: jxfzsy Titel; spainter_vfx Titel. |Microsoft Deutschland GmbH, München: 19.1, 20.1, 20.2, 20.3, 20.4, 21.1, 21.2, 21.3, 21.4, 21.5, 22.1, 22.2, 22.3, 22.4, 22.5, 22.6, 23.1, 23.2, 23.3, 24.1, 24.2, 28.1, 28.2, 28.3, 29.1, 31.1, 33.1, 33.2, 33.3, 33.4, 33.5, 34.1, 34.2, 38.1, 38.2, 38.3. |Picture-Alliance GmbH, Frankfurt a.M.: dpa-Zentralbild/Schmidt, Hendrik 8.2. |Scratch Foundation, Bethesda, MD: 4.1, 47.1, 47.2, 47.3, 47.4, 47.5, 47.6, 47.7, 47.8, 47.9, 47.10, 47.11, 50.1, 50.2, 50.3, 50.4, 51.1, 52.1, 53.1, 53.2, 53.3, 53.4, 54.1, 54.2, 55.1, 55.2, 55.3, 55.4, 56.1, 56.2, 56.3, 56.4, 56.5, 56.6, 56.7, 56.8, 57.1, 57.2, 57.3, 58.1, 58.2, 58.3, 59.1, 59.2, 59.3, 60.1, 61.1, 61.2, 61.3, 61.4, 61.5, 61.6, 61.7, 62.1, 62.2, 62.3, 62.4, 62.5, 63.1, 63.2, 64.1, 64.2, 65.1, 65.2, 65.3, 66.1, 66.2, 66.3, 66.4, 66.5, 67.1, 67.2, 68.1, 68.2, 68.3, 69.1, 69.2, 69.3, 69.4, 69.5, 70.1, 70.2, 70.3, 70.4, 70.5, 71.1, 71.2, 71.3, 71.4, 71.5, 71.6, 71.7, 72.1, 72.2, 72.3, 72.4, 72.5, 72.6, 72.7, 72.8, 72.9, 73.1, 73.2, 73.3, 73.4, 73.5, 73.6, 73.7, 73.8, 74.1, 74.2, 74.3, 74.4, 74.5, 75.1, 75.2, 75.3, 75.4, 75.5, 76.1, 77.1, 77.2, 77.3, 78.1, 78.2, 78.3. |Shutterstock.com, New York: BLACKDAY 10.1; i viewfinder 49.1. |stock.adobe.com, Dublin: Africa Studio 10.2; Fotomanufaktur JL 40.1; Graphicroyalty 15.1; Grinvalds, Kaspars 11.1; Jackson, Brian Titel; Natascha 7.1; Pixelot 3.2; Reitz-Hofmann, Birgit 60.2; thingamajiggs 3.1, 7.2, 9.1, 9.2, 9.3; Trueffelpix 14.1.